Yuxia Zhang
Kang Zhang
Yan Zheng

Construção e desempenho de um sistema de reação bioelectroquímico

Yuxia Zhang
Kang Zhang
Yan Zheng

Construção e desempenho de um sistema de reação bioelectroquímico

ScienciaScripts

Cover image: www.ingimage.com

This book is a translation from the original published under ISBN 978-620-6-77440-2.

Publisher:
Sciencia Scripts
is a trademark of
Dodo Books Indian Ocean Ltd. and OmniScriptum S.R.L publishing group

120 High Road, East Finchley, London, N2 9ED, United Kingdom
Str. Armeneasca 28/1, office 1, Chisinau MD-2012, Republic of Moldova, Europe
Printed at: see last page
ISBN: 978-620-8-24225-1

Construção e desempenho de um sistema de reação bioelectroquímico

Devido às crescentes alterações climáticas globais, à escassez de energia e aos problemas ambientais, a procura de energia limpa e sustentável tornou-se urgente. O hidrogénio (H_2) é uma fonte de energia limpa ideal. A combustão do H_2 produz apenas água e é uma fonte de energia limpa ideal. A água electrolítica é considerada um método ecológico e amigo do ambiente para a produção de hidrogénio. A eletrólise da água envolve duas semi-reacções: a reação catódica de evolução do hidrogénio (HER) e a reação anódica de evolução do oxigénio (OER). No entanto, o processo cinético da REO é lento e normalmente requer um potencial anódico relativamente elevado para corresponder à taxa de REO, limitando a taxa de reação global e a eficiência da conversão de energia. A reação de oxidação da biomassa, que é mais favorável do que a OER em termos termodinâmicos, proporciona uma via alternativa de reação anódica para o armazenamento e a conversão de energia, o que pode melhorar eficazmente a eficiência de conversão de energia do eletrolisador e realizar a multiplicação de reagentes de biomassa ao mesmo tempo. No entanto, mesmo que seja utilizado um catalisador à base de metais preciosos, a oxidação electrocatalítica da biomassa continua a exigir um elevado sobrepotencial. Em contrapartida, as reacções bioelectrocatalíticas baseadas em biocatalisadores (microrganismos, enzimas, etc.) apresentam as vantagens de uma elevada eficiência e de um baixo sobrepotencial, pelo que as reacções bioelectrocatalíticas de oxidação da biomassa têm sido objeto de grande interesse por parte dos investigadores. Com base nisto, o presente documento utiliza principalmente materiais de carbono poroso como objeto de investigação. Através da dopagem com N e do controlo da temperatura de calcinação, são preparados materiais de carbono poroso. A conceção razoável de materiais de carbono com elevada condutividade e estrutura porosa tridimensional pode melhorar a taxa de transferência de electrões e a atividade catalítica entre a glucose oxidase (GOx) e o elétrodo, e reduzir a tensão da bateria e a produção de energia necessária para a produção catalítica de hidrogénio. Melhorar a estabilidade do sistema de produção de hidrogénio. Finalmente, os derivados de TEMPO foram utilizados como electrocatalisadores para estudar a oxidação profunda da glucose.

As células recarregáveis de zinco-ar (ZAB) têm muitas vantagens, como o baixo custo, a elevada densidade energética e a elevada segurança, e têm amplas perspectivas de aplicação no domínio do armazenamento de energia em grande escala A OER é uma semi-reação importante para a eletrólise da água e para as ZAB recarregáveis. No entanto, o lento processo cinético da OER limita grandemente a eficiência da conversão de energia da água electrolítica e das ZABs. A reação de oxidação da biomassa (BOR) tem caraterísticas termodinâmicas mais favoráveis do que a OER, o que proporciona uma via alternativa de reação do ânodo para o armazenamento e conversão electroquímicos de energia, que pode efetivamente melhorar a eficiência da conversão de energia e realizar a multiplicação de reagentes de biomassa. No entanto, mesmo com a utilização de catalisadores à base de metais preciosos, a BOR electrocatalítica continua a exigir um elevado sobrepotencial. Em contraste, os biocatalisadores (microrganismos, enzimas, etc.) têm as vantagens de uma elevada eficiência e de um baixo sobrepotencial, o que faz com que a BOR bioelectrocatalítica seja amplamente considerada pelos investigadores. Com base nisto, esta tese toma principalmente a glucose como biomassa representativa e a glucose oxidase (GOx) como biocatalisador. Através de uma conceção razoável de materiais tridimensionais de carbono poroso com elevada condutividade eléctrica e atividade catalítica da reação de oxidação de H O_{22} , o sistema bioelectrocatalítico em cascata é construído para estudar o desempenho electrocatalítico e o mecanismo de reação. Por último, foi utilizado para substituir o OER na produção eletroquímica de hidrogénio e os ZAB recarregáveis para estudar as propriedades electroquímicas. Os conteúdos específicos da investigação e as principais realizações são resumidos da seguinte forma:

(1) Utilizando película de celulose bacteriana como fonte de carbono, pirrol como fonte de azoto e cloreto férrico como iniciador, foram preparados nanomateriais de carbono de polipirrol dopados com celulose bacteriana in situ. Os materiais de carbono poroso dopados com azoto (N-PCFs) foram preparados por revestimento de polimerização in situ e gravação por calcinação a alta temperatura. O sistema

eletroquímico de evolução do hidrogénio (EHP) foi construído acoplando o cátodo eletroquímico de evolução do hidrogénio com o carbono obtido como material transportador de GOx. Foi construída uma bateria recarregável de zn-ar (ZAB), substituindo a OER por uma reação de oxidação da glucose mediada por GOx. Os resultados mostram que em condições neutras, a célula baseada no ânodo de Pt necessita de uma tensão inicial elevada de ~1,70 V (vs. RHE) (RHE é um elétrodo de hidrogénio relativamente reversível), e a célula baseada em BCR pode reduzir a tensão inicial para 1,10 V (vs. RHE). Em comparação com as ZABs convencionais, a BCR-ZAB tem uma tensão de carga mais baixa (1,35 V) e uma densidade de potência de pico mais elevada (4,9 mW cm^{-2}). A uma densidade de corrente de 0,1 mA cm^{-2} , após 170 h de ciclo de carga-descarga, a diferença de tensão é de cerca de 280 mV e a eficiência de conversão de energia é de 81,5%. Os resultados deste estudo alargam a aplicação da biomassa renovável no domínio do armazenamento e conversão electroquímicos de energia.

(2) Para melhorar ainda mais o desempenho catalítico, foram preparados nanotubos de carbono dopados com nitrogénio (N-CNT) de bambu por pirólise a alta temperatura e gravação, utilizando melamina como fontes de carbono e azoto e nitrato de cobalto como catalisador. O ânodo modificado com GOx foi construído com N-CNTs como material de suporte e o sistema eletroquímico de evolução do hidrogénio foi construído acoplando o cátodo eletroquímico de evolução do hidrogénio. A estrutura das fases e a microestrutura dos materiais foram caracterizadas por XRD, SEM e TEM. A composição e o estado químico dos elementos na superfície do material foram analisados por XPS. O desempenho catalítico do elétrodo e da célula construídos foi testado pelos métodos LSV e CV. Foram investigados os efeitos da regulação da temperatura de carbonização na morfologia e nas propriedades electroquímicas dos materiais, tendo sido obtidos materiais de carbono oco de bambu (N-CNTs) com excelentes propriedades electroquímicas. Espectro de infravermelhos com transformada de Fourier, espetro de absorção visível de luz violeta, espetro de ressonância magnética nuclear e outros métodos analíticos para estudar a catálise, produtos electrolíticos, para explorar o mecanismo catalítico. As propriedades

catalíticas dos ânodos modificados com GOx na evolução eletroquímica do hidrogénio e nas ZAB recarregáveis foram estudadas utilizando N-CNTs como material de suporte. Os resultados mostraram que era necessária uma tensão inicial elevada de cerca de 1,30 V (vs. RHE) para a célula baseada em N-CNTs, e a tensão inicial desceu para 0,72 V (vs. RHE) na célula BCR contendo 500 mM de glucose. Apenas são necessários potenciais de ~1,20 V (vs. RHE) e ~1,46 V (vs. RHE) para atingir densidades de corrente de 5 mA cm^{-2} e 10 mA cm^{-2} . A densidade de potência de pico das ZABs baseadas em BCR (6,79 mW cm $)^{-2}$ foi significativamente mais elevada do que a das ZABs com NCNTs como catalisador (3,82 mW cm^{-2}). Com a mesma densidade de corrente, a diferença de tensão entre a carga e a descarga da BCR-ZAB foi reduzida para 214 mV. A BCR-ZAB tem uma estabilidade de ciclo a longo prazo de mais de 200 h e uma eficiência de conversão de energia de até 83,1%.

(3) A fim de melhorar a utilização da glucose, foi desenvolvido um sistema híbrido enzimático-orgânico molecular electrocatalítico em cascata para a oxidação profunda da glucose à temperatura ambiente e em condições neutras. Um derivado de TEMPO de cadeia de pireno foi conjugado com um derivado de ácido carboxílico de cadeia de pireno e 4-amino TEMPO (TEMPO=2,2,6, 6-tetrametilpiperidina-n-oxi), que foi fixado in situ de forma não covalente a N-CNTs-1200. A simples adsorção in situ na superfície do elétrodo permite obter melhorias de desempenho sem aumentar a complexidade operacional. Um novo sistema eletroquímico de evolução do hidrogénio e uma bateria recarregável de zinco-ar foram construídos através do acoplamento do cátodo eletroquímico de evolução do hidrogénio. Em comparação com o 4-acetamida-tempo livre, o catalisador imobilizado tem uma atividade mais elevada, que é um catalisador homogéneo semelhante ao eletrão. As propriedades electroquímicas dos eléctrodos e da célula foram medidas por LSV e CV. Os produtos catalíticos e electrolíticos foram estudados por espetroscopia de infravermelhos com transformada de Fourier, espetroscopia de absorção de luz púrpura-visível e espetroscopia de ressonância magnética nuclear para explorar o mecanismo catalítico. Utilizando N-CNTs como materiais de elétrodo e carregados com derivados de GOx e TEMPO, foi desenvolvido um sistema em cascata electrocatalítico molecular orgânico-enzimático

(GOx/N-CNT-T) para a oxidação profunda da glucose à temperatura ambiente e em condições neutras, tendo sido investigado o seu desempenho catalítico na evolução eletroquímica do hidrogénio e nas ZABs recarregáveis. Os resultados mostraram que o catalisador derivado de TEMPO imobilizado tinha uma atividade mais elevada do que o catalisador de 4-acetamido TEMPO livre. Em condições neutras, a tensão inicial da evolução eletroquímica do hidrogénio é de 1,10 V, e apenas são necessários potenciais de ~1,53 V (vs. RHE) e ~1,65 V (vs. RHE) para atingir a densidade de corrente de 5 mA cm-2 e 10 mA cm^{-2} . A densidade de potência de pico de BCR-ZAB (6,45 mW cm^{-2}) foi significativamente superior à de ZAB (4,13 mW cm^{-2}) no sistema electrocatalítico de N-CNTs-T. Com a mesma densidade de corrente, a diferença de tensão entre a carga e a descarga do BCR-ZAB foi de 438 mV. O BCR-ZAB tem uma estabilidade de ciclo a longo prazo de mais de 200 h e uma eficiência de conversão de energia de 65,6%.

Palavras Chave: Nanomateriais de carbono ; Glucose oxidase ; Produção eletroquímica de hidrogénio ; Bioelectrocatálise ; Bateria de zinco-ar

Capítulo 1: Introdução

O consumo rápido de energia fóssil e a poluição ambiental grave ameaçaram a sobrevivência humana nos últimos anos. A poluição dos corantes orgânicos afecta seriamente o ambiente, especialmente a sobrevivência de algumas criaturas[1,2] . O hidrogénio (H_2) tem a maior densidade de energia gravimétrica e o seu único subproduto da combustão é a água isenta de poluição, o que o torna um excelente portador de energia e um candidato potencial para futuros sistemas energéticos com baixas emissões de carbono[3] . A eletrólise da água para produzir H_2 é uma estratégia promissora para gerar um combustível renovável, que envolve necessariamente uma reação de evolução de H_2 (HER) e uma reação de evolução de O_2 (OER)[4-8] . No entanto, a cinética lenta e o baixo valor acrescentado da reação de evolução do oxigénio anódico (OER) limitam a eficiência global da conversão energética. Apesar dos numerosos esforços de otimização dos electrocatalisadores, a tensão mínima teórica aplicada necessária para a separação global da água (1,23 V) faz com que a produção de H_2 continue a ser um processo de elevado consumo de energia[9,10] . Além disso, o produto OER O_2 tem um valor limitado. O acoplamento da produção de H_2 com reacções anódicas termodinamicamente mais favoráveis é uma abordagem promissora para reduzir os requisitos energéticos globais . [11]

A energia eléctrica desempenha um papel importante na sociedade humana, bem como a "moeda" da rede de energia moderna . No entanto, a eletricidade dificilmente pode ser armazenada diretamente, o que limita severamente a aplicação em grande escala da energia eléctrica em condições fora da rede. Os dispositivos electroquímicos, enquanto sistemas de energia renováveis e limpos, apresentam um grande potencial para satisfazer o desenvolvimento sustentável no futuro. Entre todos os dispositivos electroquímicos de armazenamento de energia, como as pilhas de combustível[12,13] , os electrolisadores de separação de água[14-18] , as baterias metal-ar[19,20] , a redução do dióxido de carbono[21-23] e a redução do azoto[24-26] deverão contribuir largamente para o desenvolvimento sustentável no futuro. Recentemente, foram envidados esforços significativos para o desenvolvimento de baterias aquosas recarregáveis de metal-ar, representadas pelas baterias recarregáveis de Zn-ar (ZAB), devido à sua elevada densidade energética teórica[27,28] . Especificamente, as ZAB recarregáveis têm uma vasta perspetiva de aplicação no domínio do armazenamento de energia em grande escala, como o baixo custo, a elevada densidade teórica de energia e a elevada segurança através da utilização de electrólitos aquosos[29-32] . Por conseguinte, as baterias aquosas metal-ar são altamente consideradas como dispositivos de armazenamento de energia da próxima geração para satisfazer a procura diversificada de energia de várias aplicações.

As reacções de redução e evolução do oxigénio (RRO) constituem o processo central de muitas técnicas vitais de armazenamento ou conversão de energia. A OER é uma importante semi-reação de água eletrólise e ZABs recarregáveis. Infelizmente, a cinética lenta da OER exige normalmente um potencial anódico mais elevado, limitando a taxa de reação global e a eficiência da conversão de energia da eletrólise da água e das ZAB. No entanto, electrocatalisadores bem concebidos e altamente eficientes são os dilemas tecnológicos que atrasam as suas aplicações práticas. Apesar dos esforços consideráveis na otimização dos electrocatalisadores OER, a tensão mínima de entrada necessária para a eletrólise da água continua a ser superior a 1,23 V, o que faz com que a produção de H_2 continue a ser um processo intensivo em termos energéticos[33,34] . A eficiência energética dos ZAB recarregáveis é inferior a 60%. Por conseguinte, é necessário produzir produtos de elevado valor a baixas tensões e proporcionar reacções anódicas alternativas para a HER e as ZAB.

Trata-se de um novo conceito no domínio da electrocatálise que consiste em substituir a OER por uma reação de oxidação mais favorável do ponto de vista termodinâmico (BOR), a fim de obter um menor sobrepotencial de oxidação[35,36] . A glicose é rica em fontes e pode ser extraída da biomassa, e os produtos de oxidação correspondentes (como o ácido glucónico) são intermediários essenciais nas indústrias alimentar, química e farmacêutica. A oxidação electrocatalítica da glucose (GOR) é termodinamicamente mais favorável do que a OER e economicamente mais atractiva do que a OER. Por conseguinte, a GOR proporciona uma via alternativa de reação anódica para o armazenamento e a conversão de energia, que pode não só melhorar a eficiência da conversão de energia de HER e ZABs, mas também realizar a utilização de valor acrescentado da biomassa. Até à data, numerosos relatórios demonstraram a aplicação eficiente da GOR como alternativa à OER. Por exemplo, Yu e colaboradores desenvolveram um sistema eficiente de EHP acoplado à electrooxidação da glucose, utilizando óxido e nitreto de NiFe nanoestruturados como elétrodo anódico e catódico, respetivamente[37] . Embora os sistemas de acoplamento electrocatalítico baseados na GOR sejam promissores, a tensão de entrada necessária continua a ser superior a 1 V e o elevado consumo de energia continua a ser inevitável.

As reacções baseadas em biocatalisadores têm as vantagens de uma elevada eficiência e de condições de reação moderadas. O GOx utiliza o FAD como centro redox ativo. Na presença de O_2 , o GOX catalisa especificamente a oxidação da glucose em gluconolactona, e o O_2 actua como aceitador de electrões e liga o H^+ produzido na reação enzimática para produzir H O_{22} . O mecanismo de reação é o seguinte Glucose + O_2 $\rightarrow$ Ácido glucónico + H O_{22} . Ao associar a reação de oxidação do ânodo H O_{22} à reação de evolução do hidrogénio no cátodo, que é termodinamicamente mais favorável do que a OER, é possível obter a produção de hidrogénio no cátodo a baixa tensão. Por conseguinte, a reação bioelectroquímica em cascata da glucose (BCR), que é mais favorável em termos termodinâmicos e dinâmicos, é uma reação alternativa promissora à OER.

Apresentamos aqui uma estratégia para aumentar a produção de H_2 a baixas tensões, substituindo a OER por uma reação bioelectroquímica em cascata num bioanodo trifásico. Na presença de oxigénio, as enzimas oxidase podem converter a biomassa em produtos valiosos e, ao mesmo tempo, gerar H O_{22} que pode ser ainda mais electrooxidado no bioanodo. Isto conduz a uma produção eficiente de H_2 no cátodo e à geração de produtos valiosos no bioanodo. A integração de uma cascata bioelectroquímica no processo de separação da água proporciona uma via eficiente em termos energéticos e promissora para a obtenção de um combustível renovável.

1.1 Progresso da investigação de sistemas híbridos de eletrólise da água

O H_2 é uma fonte de energia renovável ideal, uma vez que a sua combustão apenas produz água, que tem uma elevada densidade energética, não é tóxica e é amiga do ambiente . [38,39]No entanto, a maior parte do H_2 está atualmente a ser produzido por reformação a vapor de recursos fósseis[40] , que consome combustíveis fósseis mas também emite CO . 2A eletrólise da água , ou a separação eletroquímica da água para produzir hidrogénio, tem sido considerada uma estratégia limpa, eficiente e sustentável para substituir os combustíveis fósseis, porque a água é a única molécula de partida e o único subproduto no ciclo da economia do hidrogénio, em que a combustão do H_2 liberta energia e reproduz água ao mesmo tempo[41] . O progresso das tecnologias de aquisição de eletricidade (como a energia das marés, a energia da biomassa, a energia solar, etc.) acelera ainda mais a aplicação em grande escala da separação eletroquímica da água para produzir hidrogénio. O processo de eletrólise da água envolve duas semi-reacções: a reação de evolução do hidrogénio (HER) no cátodo e a reação de evolução do oxigénio (OER) no ânodo[42] . Tanto a HER como a OER requerem electrocatalisadores adequados para minimizar os sobrepotenciais para uma produção eficiente de H_2 e O_2 . Os electrocatalisadores são essenciais para acelerar a HER e a OER, que são lentas. Recentemente, um esforço substancial de investigação tem sido dedicado ao desenvolvimento de electrocatalisadores para a HER eletroquímica utilizando nanomateriais avançados[43-47] . A combinação de energias renováveis e da eletrólise da água constitui uma estratégia sustentável e eficaz para a produção eficiente de hidrogénio. Em comparação com a HER, a OER envolve um passo mais complexo de transferência de quatro electrões, a sua cinética de reação é mais lenta e o seu potencial teórico é mais elevado (1,23 V vs. RHE), o que resulta num maior potencial de sobrecorrente da OER no processo de eletrólise, reduzindo assim a eficiência da conversão de energia[48,49] . Por um lado, os modos convencionais de eletrólise da água não podem evitar a formação de uma mistura explosiva de gás O /H_{22} e de espécies reactivas de oxigénio devido ao inevitável efeito de cruzamento. Além disso, são normalmente necessários electrocatalisadores caros à base de metais preciosos para catalisar a HER e a OER na eletrólise convencional da água, o que resulta num custo elevado para a produção de H_2 e dificulta em grande medida a comercialização em grande escala. Para enfrentar os desafios dos modos convencionais de eletrólise da água, foram propostas várias estratégias, centradas em vários aspectos, tais como a tecnologia das membranas electrolíticas, a engenharia dos electrocatalisadores e a conceção dos electrolisadores. Entre estas, uma alternativa emergente para a produção eletroquímica de H_2 a partir da água é a construção de um sistema híbrido de eletrólise da água através da integração de reacções de oxidação anódica termodinamicamente mais favoráveis para substituir as OER difíceis mas menos valiosas. Os processos biológicos e electroquímicos com níveis de preparação tecnológica mais baixos são também considerados para a produção de hidrogénio. É uma estratégia eficaz substituir a REO por uma reação de oxidação da biomassa (RBO) mais favorável para resolver os problemas acima referidos (Fig.1-1) .[50,51]

1.2.1 Escolha da biomassa química anódica

As moléculas de biomassa adequadas são extremamente críticas para a seleção de uma reação de oxidação para substituir a OER. Em primeiro lugar, as moléculas de biomassa Por um lado, a biomassa química anódica deve ser solúvel em água à temperatura ambiente e ter um potencial de oxidação teórico relativamente mais baixo (menos positivo) do que o potencial de arranque do OER, de modo a evitar a concorrência do OER, resultando numa eficiência electrolítica reduzida. Em segundo lugar, as reacções de oxidação anódica da biomassa devem ter potencial para serem convertidas em produtos de oxidação de elevado valor, de modo a obter a produção catódica de H_2 numa via mais rentável. Em terceiro lugar, estas moléculas de biomassa devem estar prontamente disponíveis ou ser abundantes na natureza. Por último, os produtos químicos de biomassa anódica selecionados devem apresentar uma concorrência negligenciável com o HER no cátodo. Um produto químico que preencha a maioria ou todos estes critérios pode ser potencialmente utilizado para a oxidação anódica e o acoplamento ao HER. Nos últimos anos, os álcoois de origem biológica, polióis, aminas, açúcares, álcoois, compostos lignocelulósicos e seus derivados têm atraído cada vez mais atenção e têm sido amplamente utilizados para produzir hidrogénio limpo no cátodo e compostos no ânodo das células de eletrólise .[52,53]

1.2.2 Conceção racional do electrocatalisador para a reação de

oxidação da biomassa

Do ponto de vista termodinâmico e cinético, os requisitos para os electrocatalisadores HER catódicos em sistemas híbridos de eletrólise da água são os mesmos que os do sistema convencional de electrocatálise da água[54] . A BOR tem um baixo potencial termodinâmico, enquanto a BOR é frequentemente acompanhada por múltiplos processos de transferência de electrões , que conduzem a uma cinética lenta e à complexidade do mecanismo de reação. Para catalisar eficazmente a reação de oxidação anódica da biomassa, evitando a interferência da OER, os electrocatalisadores anódicos em sistemas híbridos de electrocatálise da água devem exigir um sobrepotencial inferior ao da OER, para impulsionar a oxidação dos produtos químicos anódicos da biomassa. De facto, os catalisadores baseados em metais preciosos (Pt, Pd, Au, etc.) foram utilizados pela primeira vez na reação de oxidação da biomassa[55] . No entanto, a escassez e o elevado custo dos catalisadores à base de metais preciosos limitam grandemente a sua aplicação em grande escala. A este respeito, deve ser avaliado não só o custo das matérias-primas para fabricar o elétrodo ou o electrocatalisador, mas também o custo envolvido em cada processo de preparação dos eléctrodos ou catalisadores, sendo ambos importantes para determinar se um elétrodo/catalisador é realmente rentável. Nos últimos anos, muitos electrocatalisadores à base de metais não preciosos foram desenvolvidos e demonstraram as suas capacidades atractivas para funcionar como cátodo e/ou ânodo em sistemas híbridos de eletrólise da água. Os investigadores fizeram muitas tentativas, incluindo engenharia de interfaces, engenharia de dopagem, engenharia de deformação, engenharia de defeitos e ajustamento morfológico. Os catalisadores típicos incluem uma série de nitretos, sulfuretos, fosforetos, óxidos/oxihidróxidos e selenetos de Fe, Co e Ni de metais de transição como nanoestruturas em várias formas. A atividade inerente, a estrutura eletrónica ajustável e a elevada resistência à corrosão dos catalisadores de metais não preciosos fazem com que estes apresentem geralmente excelentes propriedades electrocatalíticas bifuncionais e estabilidade.

1.2.3 Tecnologia eficiente de produção de hidrogénio apoiada por

várias reacções de oxidação alternativas

As potenciais aplicações das reacções de oxidação do álcool (AORs) nas células de combustível e na química sintética têm suscitado grande interesse entre os investigadores[56] . As AOR são uma classe de transformações químicas importantes para a química sintética[57-60] . Recentemente, os AORs foram amplamente estudados para substituir os OER na produção eficiente de hidrogénio, o que pode reduzir a tensão de entrada da produção de hidrogénio, produzindo simultaneamente produtos químicos de elevado valor no ânodo. Vizza e colaboradores demonstraram a viabilidade de substituir o OER pelo AOR para produzir H_2 com menores sobrepotenciais necessários, utilizando nanopartículas de Pd[61] . Sun et al. desenvolveram um electrocatalisador bifuncional de níquel hierarquicamente poroso (hp-Ni) para uma evolução eficiente do H_2 associada à refinação oxidativa de álcoois[62] . A oxidação eletroquímica do substrato requer a adsorção da molécula na superfície do electrocatalisador. Wang e colaboradores utilizaram o flúor eletronegativo (F) para moderar a energia de ligação entre os locais de Fe (FeOOH) e os reagentes (C H_{25} O) para otimizar a propriedade de adsorção dos reagentes[63] . Os aldeídos derivados da biomassa são uma espécie de produtos químicos auxiliares anódicos para integração na HER. Por exemplo, o 5-hidroximetilfurfural (HMF) e o furfural podem ser transformados em produtos químicos de valor acrescentado através de vias de oxidação eletroquímica adequadas. A oxidação catalítica do HMF pode dar origem a vários derivados do furano, incluindo o 2,5-diformilfurano (DFF), o ácido 5-formil-2-furancarboxílico (FFCA), o ácido 5-hidroximetil-2-furancarboxílico (HFCA) e o ácido 2,5-furandicarboxílico (FDCA), que têm grandes aplicações potenciais na síntese química[64-67] . O grupo de Sun demonstrou um elétrodo catalítico bifuncional baseado em matrizes de nanopartículas 3D de Ni_2 P em espuma de Ni (Ni_2 P NPA/NF) para acoplar a oxidação de HMF e HER. A oxidação de HMF apresentou uma termodinâmica e uma cinética mais favoráveis do que a OER catalisada por Ni_2 P NPA/NF[68] . O furfural é outro intermediário versátil da biomassa para a síntese de muitas matérias-primas químicas de elevado valor[69,70] . Choi investigou a oxidação eletroquímica do furfural em meio ácido, utilizando PbO_2 como ânodo, que demonstrou uma atividade eficiente na oxidação eletroquímica do furfural[71] . É importante que a otimização dos electrocatalisadores através da engenharia da estrutura ou da composição aumente ainda mais a sua densidade de corrente para a oxidação do furfural. Há relatos de oxidação electrocatalítica de biomassa, tais como hidratos de carbono[72] e aminas primárias[73] . Liu et al. [74] referiram que a OER foi substituída pela electrooxidação da glucose para promover a produção de H_2 . A célula de eletrólise de dois eléctrodos com NiFeOx como ânodo e NiFeNx como cátodo pode produzir até 83% de ácido glucónico e pode ser gerada uma corrente catalítica de 200 mA cm^{-2} a 1,48V. Além disso, a reação de oxidação electrocatalítica de aminas primárias (PAEOR) também atraiu muita atenção. A PAEOR tem um potencial de oxidação mais baixo do que a OER e os seus produtos de oxidação são intermediários fundamentais na síntese de alguns produtos químicos importantes.

Capítulo 2: Reação bioelectroquímica em cascata para a produção de hidrogénio com economia de energia e baterias inovadoras de zinco-ar

A reação de evolução do oxigénio (OER) é uma semi-reação importante na produção eletroquímica de hidrogénio (EHP) e nas baterias recarregáveis de meta-ar. No entanto, a cinética lenta da OER tem impedido seriamente o seu desempenho. Neste artigo, apresentamos um sistema bioelectroquímico em cascata composto por nanofibras de carbono poroso dopadas com N e funcionalizadas com glucose oxidase (GOx) para substituir a OER em aplicações de EHP e baterias recarregáveis de Zn-ar (ZABs). Neste sistema em cascata, o GOx catalisa a oxidação da glucose para produzir ácido glucónico de valor acrescentado, acompanhado da geração de $H\ O_{22}$ em condições aeróbias. A oxidação catalítica do $H\ O_{22}$ em substituição do OER resulta numa tensão de arranque inferior a 1,10 V para o EHP e numa tensão de carga baixa de 1,35 V, bem como numa pequena diferença de tensão de carga/descarga de ~280 mV ao longo de 170 h para os ZAB em electrólitos aquosos neutros. As vantagens de empregar a inovadora reação bioelectroquímica em cascata são demonstradas em EHP e ZABs, conseguindo a plena utilização da energia da biomassa em sistemas electroquímicos económicos e que poupam energia para armazenamento e conversão de energia.

2.1 INTRODUÇÃO

O H_2 é um vetor de energia limpa e renovável, uma vez que a combustão do H_2 é isenta de poluição para o ambiente . [75-77]Hoje em dia, a eletrólise da água que associa a reação de evolução do H_2 (HER) à reação de evolução do O_2 (OER) é reconhecida como um método ecológico e promissor para produzir H_2[78,79] . No entanto, a OER anódica com um elevado potencial termodinâmico de 1,23 V em relação ao elétrodo de hidrogénio reversível (RHE) não é uma reação cineticamente favorável e o produto O_2 tem um valor baixo [80,81] . Além disso, as taxas de produção de H_2 e O_2 a partir da eletrólise da água podem, na verdade, ser mais lentas do que a sua velocidade de penetração através da membrana sob baixas cargas de energia. Além disso, a mistura cruzada de H_2 e O_2 durante o processo de eletrólise da água colocaria sérios problemas de segurança[82-84] . Por conseguinte, é altamente desejável explorar uma reação anódica alternativa que seja termodinâmica e cineticamente mais favorável do que a OER e que possa gerar produtos químicos valiosos .[85-87]

A oxidação electrocatalítica da biomassa de baixo custo tem sido comunicada e amplamente utilizada como alternativa à REO na produção eletroquímica de hidrogénio (EHP), devido às caraterísticas termodinamicamente mais favoráveis e economicamente mais atractivas da reação de oxidação da biomassa (BOR) do que a REO[88-90] . Entre os substratos da biomassa, os derivados da glucose (por exemplo, o ácido glucónico e o ácido glucárico) são amplamente utilizados nas indústrias alimentar, farmacêutica e química, despertando assim grande interesse . [91-94]Além disso, o ácido glucónico e os seus derivados têm sido estudados para várias aplicações médicas, incluindo a quimioterapia do cancro e a redução do colesterol[91,95] . Consequentemente, a oxidação da glucose tem sido objeto de grande atenção nos domínios das células EHP e dos biocombustíveis .[96-98]

Até à data, numerosos relatórios demonstraram a aplicação eficiente da reação de oxidação da glucose como alternativa à REO. Por exemplo, Wang e colaboradores desenvolveram um novo sistema EHP com baixo consumo de eletricidade através do acoplamento da reação redox Cu(I)/Cu(II) assistida por glucose[96] . Yu et al. mostraram um sistema eficiente de EHP acoplado à electrooxidação da glucose, utilizando óxido e nitreto de NiFe nanoestruturados como elétrodo anódico e catódico, respetivamente[99] . A eletrólise da glucose produz ácido glucónico e ácido glucárico de valor acrescentado, proporcionando assim uma EHP eficiente em termos energéticos na plataforma à base de biomassa . [100]O conceito de acoplamento da EHP com a BOR é promissor, no entanto, a tensão de entrada necessária continua a ser superior a 1,23 V. Além disso, a maioria dos electrocatalisadores preparados funciona em ambientes ácidos ou alcalinos, e a questão da corrosão desfavorável aumenta inevitavelmente o custo do sistema. Recentemente, Zhang et al. relataram a utilização de glucose oxidase (GOx) e de nanopartículas de Pt como biocatalisador e electrocatalisador para catalisar a oxidação da glucose e do H O_{22} em condições neutras, respetivamente, e a valorização anódica da glucose foi realizada a baixa tensão[101] . Apesar da sua eficácia, a escassez e o elevado custo dos metais nobres incentivam os investigadores a explorar catalisadores alternativos abundantes e acessíveis[102,103] . É bem sabido que a OER ocorre normalmente no cátodo das baterias convencionais de metal-ar durante o carregamento. A cinética lenta da OER também dificulta seriamente a aplicação prática das baterias metal-ar recarregáveis[104-108] . No nosso trabalho recente, foi criada uma bateria recarregável de Zn-ar (ZAB), substituindo a OER pela oxidação da glucose mediada por radicais redox, o que garante uma baixa tensão de carga e gera derivados de glucose de valor acrescentado durante o carregamento[109] . No entanto, o ambiente de reação instável e a lenta transferência de massa dos reagentes dificultam o desempenho da ZAB.

No presente trabalho, foi construído um sistema bioelectroquímico em cascata que consiste na bioelectrooxidação aeróbia da glucose por GOx e na oxidação electrocatalítica de H O_{22} através de fibras de carbono porosas dopadas com N (N-PCFs), sendo utilizado como semi-reação anódica e catódica em EHP e ZABs recarregáveis, respetivamente. Neste sistema, o GOx serve de biocatalisador para catalisar aerobicamente a oxidação da glicose para produzir ácido glucónico acompanhado da formação de H O_{22} (glicose + O_2 □gluconic ácido + H O_{22}). O H O_{22} produzido pode ainda ser electrooxidado in situ (H O_{22} - $2e^-$ → O_2 + $2H^+$, ~0,68 V vs. RHE) pelos N-PCFs racionalmente concebidos a baixo potencial. Assim, esta reação em cascata bioelectroquímica (BCR) é promissora como alternativa à OER convencional em aplicações de EHP e ZABs. Na célula electrolítica montada, constituída por um bioanodo funcionalizado com GOx e um cátodo de Pt, a EHP ocorre com uma tensão inicial inferior a 1,1 V. Beneficiando do baixo potencial de oxidação, a célula electrolítica montada fornece uma densidade de corrente de 5 mA cm^{-2} à tensão da célula de 1,65 V em condições neutras, superior à EHP baseada no ânodo de Pt. Além disso, é construída uma ZAB inovadora, substituindo OER por BCR. Em comparação com a ZAB convencional, a ZAB baseada em BCR tem as vantagens de uma tensão de carga baixa (1,35 V), bem como um pequeno desvio da tensão de carga/descarga (280 mV), e apresenta ciclos de carga/descarga notáveis ao longo de

170 h. Por conseguinte, a BCR oferece um novo padrão para a utilização direta de biomassa renovável no armazenamento e conversão de energia eletroquímica.

2.2 Secção experimental

2.2.1 Preparação do material de apoio

Foram sintetizadas fibras de carbono porosas (PCFs) derivadas de celulose bacteriana (BC) e utilizadas como materiais de suporte para a imobilização de GOx. Para aumentar o desempenho electrocatalítico das PCFs na oxidação de $H O_{22}$, foi adoptada a dopagem com N para fabricar N-PCFs. Num passo típico para a síntese de N-PCFs, a película de BC (5×5 cm) foi esmagada utilizando um espremedor com 100 mL de água desionizada. À dispersão de BC resultante, foram adicionados pirrol (1,65 mL) e $FeCl_3$ (1,30 g) . A mistura foi mantida em agitação durante 12 h num banho de gelo. O sedimento produzido foi então filtrado e lavado com água desionizada. Após liofilização, o precursor obtido foi aquecido a 1000° C (5° C min^{-1}) sob atmosfera de N_2 e depois recozido a 1200° C (2° C min^{-1}) durante 2 h para produzir N-PCFs. Para efeitos de comparação, os PCFs foram sintetizados de acordo com o procedimento semelhante dos N-PCFs na ausência de $FeCl_3$ e pirrol.

2.2.2 Preparação do elétrodo de trabalho

O elétrodo de carbono vítreo modificado com GOx/N-PCFs, N-PCFs ou PCFs (GCE, 3 mm de diâmetro) foi utilizado como elétrodo de trabalho. O GCE foi sucessivamente polido em pasta de $Al O_{23}$ (1,0 μm e 0,05 μm) e lavado por ultra-sons com etanol e água desionizada sucessivamente. Após a secagem, 5 μL da suspensão de N-PCFs foram depositados na superfície do GCE pré-tratado. Para a superfície do GCE modificado com N-PCFs, foram lançados 5 μL de GOx. Os eléctrodos modificados foram armazenados durante um período de 6 h num frigorífico a 4°C. Ao GCE modificado com GOx / N-PCFs, foram adicionados 3 μL de solução de Nafion (1%) e os eléctrodos foram colocados num frigorífico a 4 °C durante 2 h. A solução tampão fosfato 0,5 M (PBS, pH 7,0) foi utilizada como eletrólito para medições electroquímicas subsequentes. O GOx/N-PCFs/GCE foi utilizado para avaliar a atividade catalítica em relação à glucose. Para efeitos de comparação, foram preparados PCFs/GCE, N-PCFs/GCE e GOx/PCFs/GCE seguindo o procedimento semelhante ao GOx/N-PCFs/GCE, mas sem a adição de GOx ou a substituição de N-PCFs por PCFs.

2.2.3 Experiências electroquímicas

Foi utilizado um sistema convencional de três eléctrodos constituído por eléctrodos de trabalho baseados em GCE, um elétrodo de referência Ag/AgCl (KCl saturado) e um contra elétrodo de Pt . A oxidação bioelectrocatalítica da glucose e a oxidação electrocatalítica de H O22 foram investigadas utilizando a voltametria de varrimento linear (LSV) a 10 mV s^{-1} num instrumento eletroquímico CHI760E. O potencial testado vs. Ag/AgCl foi convertido num RHE de acordo com a equação: $E_{RHE} = E_{Ag/AgCl} + 0,059 \times pH + 0,199$.

2.2.4 Montagem e ensaio da célula electrolítica EHP

O teste EHP foi realizado numa configuração de célula electrolítica de duas câmaras dividida por uma membrana de Nafion 117 . Para a montagem da célula electrolítica, foi utilizado papel de carbono hidrofóbico (CP) como coletor de corrente para fabricar o bioânodo de respiração de ar funcionalizado com GOx/N-PCFs. Resumidamente, 80 µL de dispersão de N-PCFs foram depositados na superfície do CP (1,13 cm^2). Após a secagem, 80 µL de GOx foram lançados sobre o CP modificado com N-PCFs e depois mantidos num frigorífico a 4 °C durante 6 h. Finalmente, à superfície do CP modificado com GOx/NPCFs, foram depositados 48 µL de solução de Nafion (1%). Os elétrodos foram colocados num frigorífico a 4 °C durante 2 h. O elétrodo obtido foi colocado numa câmara onde se utilizou como anólito 0,5 M PBS (pH 7,0) contendo 300 mM de glucose. Um fio de Pt foi colocado na outra câmara em que N_2 -saturado 0,5 M PBS (pH 7,0) foi usado como católito. O desempenho eletroquímico da célula electrolítica montada foi operado utilizando LSV a 10 mV s^{-1} e cronoamperometria a 1,23 V num instrumento eletroquímico CHI760E.

2.2.5 Montagem e ensaio de ZABs

Para o fabrico de ZABs baseadas em BCR (designadas por BCR-ZAB), o CP funcionalizado com GOx/N-PCFs foi utilizado como cátodo de respiração de ar, uma folha de Zn polida foi utilizada como ânodo, 0,5 M de PBS (pH 7,0) na presença de 500 mM de glucose foi utilizado como anólito e 1 M de acetato de zinco foi utilizado como católito. Para efeitos de comparação, as ZAB convencionais foram montadas utilizando um cátodo de CP modificado com N-PCFs e um ânodo de folha de Zn polido (designado por N-PCFs/CP-ZAB). As duas câmaras foram separadas por uma membrana de Nafion 117. As medições de carga/descarga das ZABs foram efectuadas num aparelho de teste de baterias multicanal (Land CT2001A) a 0,1 mA cm^{-2} . As curvas de polarização das ZBA foram registadas num instrumento eletroquímico CHI760E utilizando LSV a 5,0 mV s .$^{-1}$

2.3. Resultados e discussão

2.3.1 Caracterização dos materiais

As amostras obtidas foram primeiro caracterizadas utilizando SEM. A Fig.2-1a, b mostra imagens SEM da BC, revelando redes fibrosas interconectadas em 3D. A morfologia das PCFs é totalmente diferente depois de serem carbonizadas, como se mostra na Fig.2-1c, d. A superfície das PCFs torna-se lisa e a estrutura de rede 3D desaparece, o que não contribui para melhorar a área electroactiva. As imagens TEM revelam que as PCFs obtidas apresentam uma estrutura amorfa (Fig.2-1 e, f). Para aumentar a atividade electrocatalítica do carbono derivado de BC, foi adoptada uma estratégia de dopagem com N para sintetizar N-PCFs. A Fig.2-2a mostra o processo esquemático de síntese de N-PCFs. O crescimento in-situ do polipirrol (PPy) nas fibras de BC pode ser conseguido através da oxidação catalítica do pirrol utilizando $FeCl_3$. Após o recozimento a alta temperatura, a decomposição do PPy e a carbonização das fibras de BC conduzem à geração de N-PCFs. A Fig.2-2b, c mostra imagens SEM do precursor BC/PPy. As nanopartículas de PPy estão uniformemente dispostas na superfície das fibras de BC. Após o recozimento, as N-PCFs apresentam uma morfologia fibrosa com uma superfície rugosa (Fig. 2-2d, e), o que permite aumentar a área de superfície específica, melhorando assim a carga enzimática. O diâmetro das N-PCFs varia entre 30 nm e 50 nm e o seu comprimento é da ordem de várias centenas de nanómetros. A microestrutura dos N-PCFs resultantes foi ainda caracterizada por TEM. A Fig.2-2f indica que os N-PCFs têm uma estrutura típica de rede fibrosa. Na imagem HRTEM (Fig.2-2g), observam-se muitos domínios grafitados com um espaçamento de rede de 0,49 nm e regiões amorfas. As franjas de rede de 0,49 nm correspondem aos planos de carbono grafítico (002), indicando a caraterística de baixa grafitização dos N-PCFs. As Fig.2-2h, i mostram s o TEM de varrimento (STEM) e as correspondentes imagens de mapeamento de elementos de N-PCF, mostrando que os elementos C, N e O estão uniformemente dispersos nas N-PCFs.

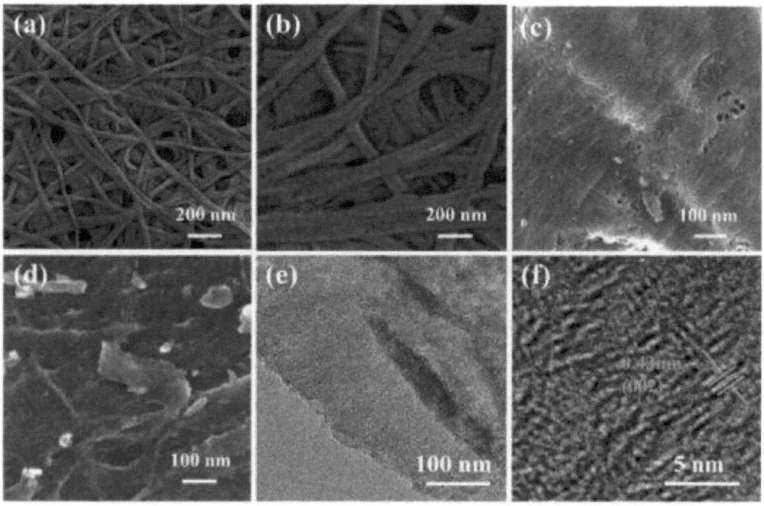

Fig.2-1. Imagens SEM de BC (a e b) e PCFs (c e d). (e) Imagens TEM e (f) HRTEM das PCFs.

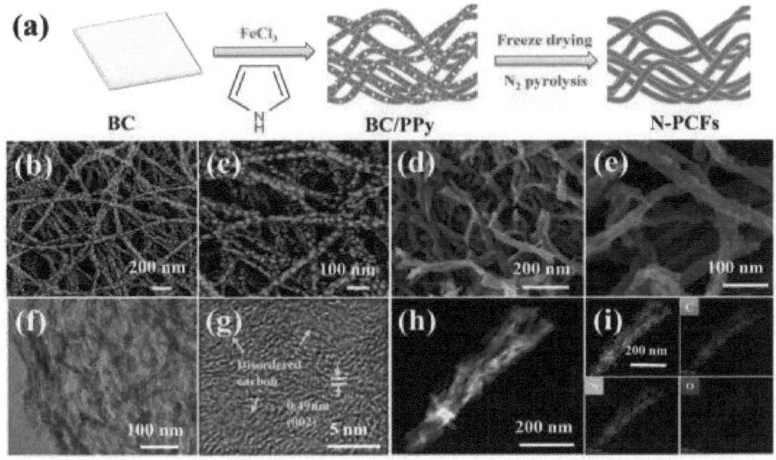

Fig.2-2. (a) Diagrama esquemático da preparação de N-PCFs. Imagens SEM de (b, c) precursor BC/PPy e (d, e) N-PCFs. (f) TEM, (g) HRTEM, (h) STEM e (i) t as imagens de mapeamento dos elementos correspondentes das N-PCFs.

O desempenho eletroquímico de GCE, PCFs/GCE e N-PCFs/GCE foi investigado utilizando CV e EIS. Como se mostra na Fig. 2-3a, os três eléctrodos mostram picos redox claramente definidos, correspondentes à resposta redox do casal $[Fe(CN)\ ]_6^{4-/3-}$. Em particular, os N-PCFs/GCE manifestam correntes redox mais elevadas e valores de separação pico a pico (ΔEp) mais baixos do que os do GCE nu e dos PCFs/GCE, indicando uma grande área electroactiva e uma baixa polarização dos N-PCFs/GCE. A Fig.2-3b apresenta os resultados EIS para os três eléctrodos. O GCE tem um semicírculo de alta frequência que representa a resistência à transferência de carga[110] . Não se encontra nenhum semicírculo significativo nos eléctrodos PCFs/GCE e N-PCFs/GCE, o que indica uma baixa resistência à transferência de carga nos eléctrodos modificados com PCFs e N-PCFs. Por conseguinte, espera-se que a imobilização de enzimas no elétrodo modificado com N-PCFs melhore o desempenho eletroquímico devido à cinética de transferência de electrões (ET) melhorada na interface N-PCFs/eletrólito. A área de superfície eletroquímica ativa efectiva (EASA) foi ainda investigada pela técnica CV (Fig. 2-4a, b), que pode ser calculada a partir da capacitância de dupla camada com base na equação 1:

$$EASA = \frac{C_{dl}}{C_s} \quad (1)$$

Quando C_{dl} é uma capacidade específica dos materiais, os valores calculados de C_{dl} para N-PCFs e PCFs são 1,17 mF cm^2 e 0,22 mF cm^2 , respetivamente (Fig. 2-4c). Ao calcular a EASA, assume-se que o C_s é o mesmo valor fixo[101,102] . Por conseguinte, o valor EASA das N-PCF é muito superior ao das PCF. Os resultados sugerem que as N-PCFs possuem mais sítios activos, o que favorece a penetração do eletrólito, obtendo-se assim um excelente desempenho electrocatalítico.

A Fig.2-5a ilustra os perfis de XRD dos PCFs e N-PCFs. As duas amostras apresentam um pico de difração caraterístico a $2\theta=24°$, de acordo com os planos da rede (002). A baixa intensidade de difração e a ampla largura do meio pico indicam a caraterística amorfa, o que é consistente com os resultados do HRTEM. De notar que as N-PCFs mostram um pico (002) obviamente mais largo e uma intensidade de difração inferior à das PCFs, indicando um menor grau de grafitização e um maior espaçamento entre camadas das N-PCFs. A alteração estrutural das amostras foi examinada por FTIR. Como se mostra na Fig.2-5b, a BC revela bandas de absorção complexas da estrutura polissacárida orgânica da biomassa. Os grandes picos caraterísticos centrados em 3438 cm^{-1} e 3128 cm^{-1} são atribuídos à vibração de estiramento de N-H/O-H, indicando a presença de grupos amino livres e grupos hidroxilo. O pico de absorção a 1629 cm^{-1} pertence à vibração de deformação da cetona e do aldeído ou à vibração de estiramento do C=O. Os picos a 1402 cm^{-1} e a 1068 cm^{-1} são causados por vibrações de tração assimétricas das ligações C-O e C-O-C na estrutura do anel de piranose da celulose bacteriana, respetivamente[113] . Após o recozimento térmico, os espectros FTIR de N-PCFs e PCFs são diferentes dos de BC. A menor quantidade de picos de absorção e a fraca intensidade dos picos observados nos N-PCFs e PCFs indicam a remoção de um grande número de grupos funcionais durante o processo de pirólise. A área de superfície específica (SSA) e a distribuição do tamanho dos poros dos materiais foram analisadas utilizando o teste de adsorção/dessorção de N_2 (Fig. 2-5c). Os laços de histerese a alta pressão relativa são observados nas duas amostras, indicando a presença de poros mesoporosos. De acordo com o método Brunauer-Emmett-Teller e o modelo Barrett-Joyner-Halenda, foram obtidas a SSA e a distribuição do tamanho dos poros das PCFs e das N-PCFs. As N-PCFs têm uma SSA de 153,59 m g^{2-1}, superior à das PCFs (120,90 m g^{2-1}). O tamanho do poro centralizado das PCFs é de cerca de 4 nm, enquanto as N-PCFs possuem uma distribuição de tamanho de poro relativamente mais ampla. Além disso, o volume de poros das N-PCFs é calculado em 0,43 cm^3 g^{-1}, o que é muito superior ao das PCFs (0,14 cm g^{3-1}). Os resultados indicam que as N-PCFs possuem uma grande SSA, uma ampla distribuição do tamanho dos poros e um elevado volume de poros, o que pode ser mais adequado como material de suporte para a imobilização de enzimas para fabricar bioelectrodos. O espetro Raman foi ainda utilizado para caraterizar a estrutura das amostras. Como pode ser visto na Fig.2-5 d, as duas amostras exibem dois picos predominantes em ~1340 e ~1580 cm^{-1}, correspondendo à banda D e à banda G da estrutura de carbono, respetivamente. A banda D reflecte a desordem ou defeitos na estrutura do carbono, enquanto a banda G está relacionada com a disposição ordenada dos átomos de carbono sp^2 na estrutura da grafite[110]. O grau de defeito dos materiais de carbono pode ser refletido a partir do rácio de intensidade da ligação D em relação à ligação G (I /I_{DG}). Em particular, os valores I /I_{DG} para N-PCFs e PCFs são 1,06 e 0,96, respetivamente, demonstrando que os N-PCFs possuem muito mais defeitos, o que pode melhorar o desempenho electrocatalítico.

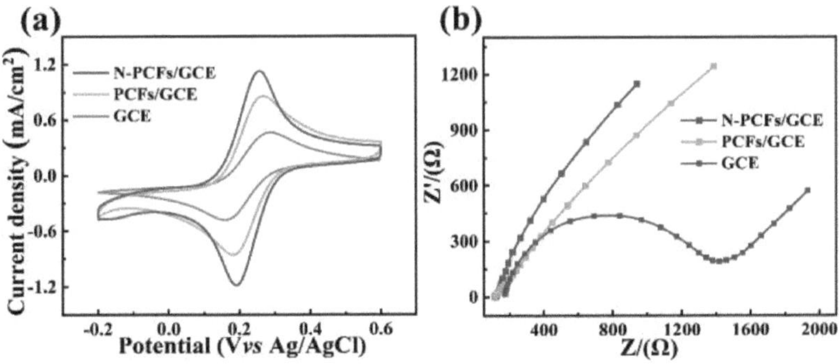

Fig. 2-3. (a) Curvas CV de GCE simples, PCFs/GCE e N-PCFs em 5 mM $Fe(CN)_6^{4-/3-}$ contendo 0,1 M KCl a uma velocidade de varrimento de 50 mV s^{-1}. (b) EIS de GCE nuas, PCFs/GCE e N-PCFs/GCE em 5 mM $Fe(CN)_6^{4-/3-}$ contendo 0,1 M KCl com uma gama de frequências de 0,1 ~

10^5 Hz a um potencial de circuito aberto de 0,2 V.

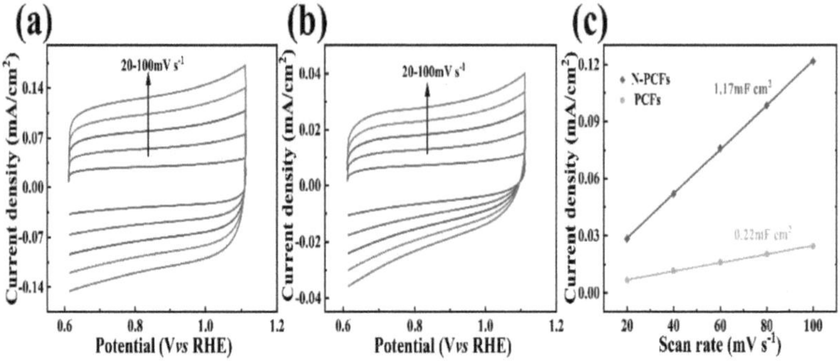

Fig. 2-4. Curvas CV de (a) N-PCFs e (b) PCFs a diferentes velocidades de varrimento. (c) Cdl de N-PCF e PCFs.

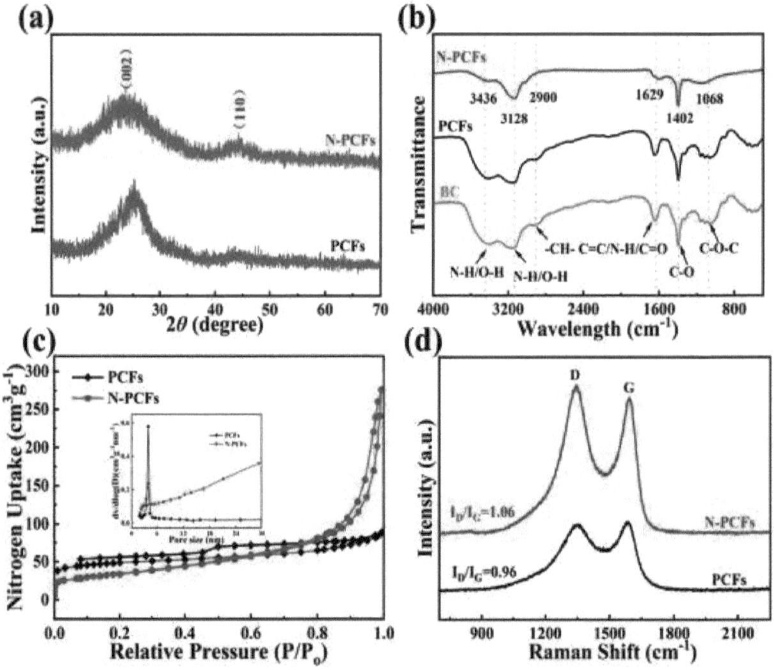

Fig.2-5. (a) Padrões de XRD das PCFs e N-PCFs. (b) Espectros FTIR da BC, PCFs e N-PCFs. (c) Isotérmicas de adsorção/dessorção de N_2 e (d) espectros Raman de PCFs e N-PCFs. A Figura 2c mostra as curvas de distribuição do tamanho dos poros.

A composição química das amostras foi analisada por espetroscopia de fotoelectrões de raios X (XPS). Como ilustrado na Fig. 2-6a, apenas as espécies C e O podem ser observadas nas PCFs. São detectados três picos localizados a ~283,4, ~399,7 e ~531,5 eV no espetro de pesquisa XPS de N-PCFs, indicando a presença de elementos C, N e O [109] . A ausência de quaisquer outros elementos sugere que as amostras não foram contaminadas durante todo o processo de preparação. A Fig. 2-6b apresenta o XPS C 1s dos N-PCFs, com quatro picos distintos a cerca de 284,7 eV, 285,4 eV, 286,8 eV e 289,4 eV, correspondentes aos grupos C=C, C=O, C-O/C-N e O-C=O, respetivamente. O espetro de N 1s XPS mostrado na Fig. 2-6c pode ser ajustado em três picos, N-piridínico (~397,5 eV), N-pirrólico (~ 399,8 eV) e N-grafítico (~ 401,4 eV) .[114,115] demonstrando o sucesso da dopagem de N na estrutura de carbono. Note-se que o tipo N-grafítico pode aumentar a ET através da introdução de N com carga positiva na estrutura de carbono . [116,117]A Fig. 2-6d apresenta o XPS O 1s dos N-PCFs, revelando a presença de três configurações O distintas de C-OH a 533,8 eV, C=O a ~532,9 eV e HO-C=O a ~532,0 eV . A Fig. 2-7 mostra C1s e O1s XPS de PCFs, o que mostra que os tipos de configurações de C e O nas PCFs são semelhantes aos das N-PCFs.

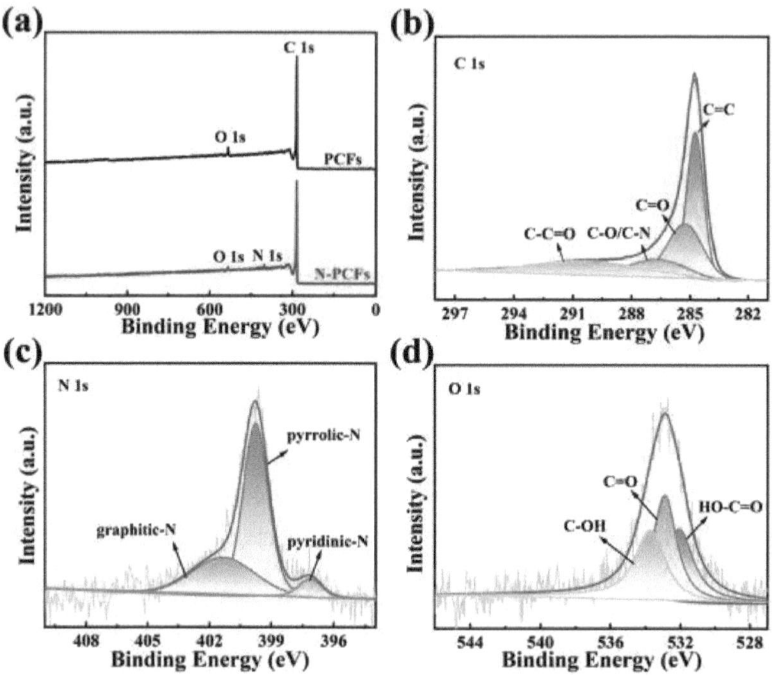

Fig. 2-6. (a) Espectro de XPS de PCFs e N-PCFs. (b) C 1s, (c) N 1s e (d) O 1s XPS de N-PCFs.

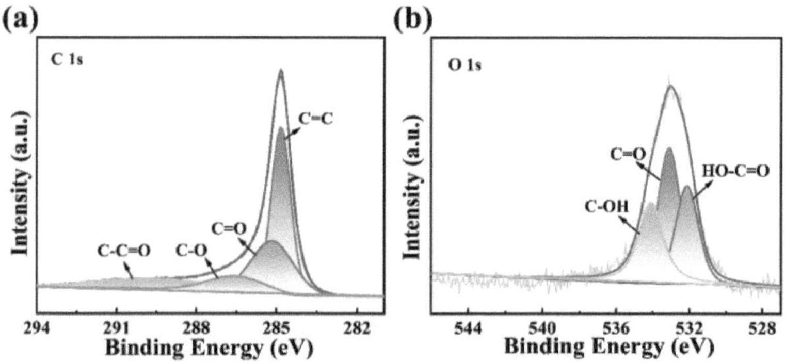

Fig. 2-7. (a) C 1s e (b) O 1s XPS de PCFs.

2.3.2 Desempenho eletroquímico

A voltametria cíclica (CV) a várias velocidades de varrimento foi realizada para avaliar a cinética da ET dos bioelectrodos tal como fabricados. A Fig.2-8a mostra as curvas CV do GOx/N-PCFs/GCE registadas a várias velocidades de varrimento que variam entre 50 e 500 mV s^{-1} . Detecta-se um par de picos redox quase simétricos no GOx/N-PCFs/GCE, que podem resultar da reação ET entre o cofator do GOx ($FAD/FADH_2$) e o elétrodo através da reação GOx (FAD) + $2H^+$ + $2e^-$ ↔ GOx $(FADH\ )_2$[118] . A Fig. 2-8b revela a relação linear entre as correntes de pico redox e as taxas de varrimento, indicando que o processo de transferência direta de electrões (DET) do GOx imobilizado na película de N-PCFs é uma reação eletroquímica de película fina controlada pela superfície[119,120] . A Fig.2-8c mostra a relação entre os potenciais de pico e o logaritmo napieriano das taxas de varrimento . De acordo com as Eq. (S1) e (S2), o coeficiente de transferência de carga α e o número ET n são determinados como sendo 0,39 e 1,75, respetivamente, aproximando-se do valor teórico para a conversão do GOx, sugerindo a ligação eléctrica proeminente do GOx ao elétrodo. Utilizando o modelo de Laviron, tal como descrito na Eq (S3), a constante da taxa de ET heterogénea (*Ks*) foi calculada em 1,16 s^{-1} para o sistema a uma velocidade de varrimento de 200 mV s^{-1} . Além disso, a cobertura de superfície do GOx (Γ*) foi determinada em $1{,}46\times10^{-8}$ mol cm^{-2} utilizando o declive da curva Ep vs. Ln v, como indicado na Eq (S4), que é muito superior à dos PCF ($3{,}55\times10^{-10}$ mol cm^{-2}) (Fig. 2-8d-f). A elevada carga enzimática das N-PCFs pode ser atribuída à elevada área de superfície específica e ao volume de poros das N-PCFs.

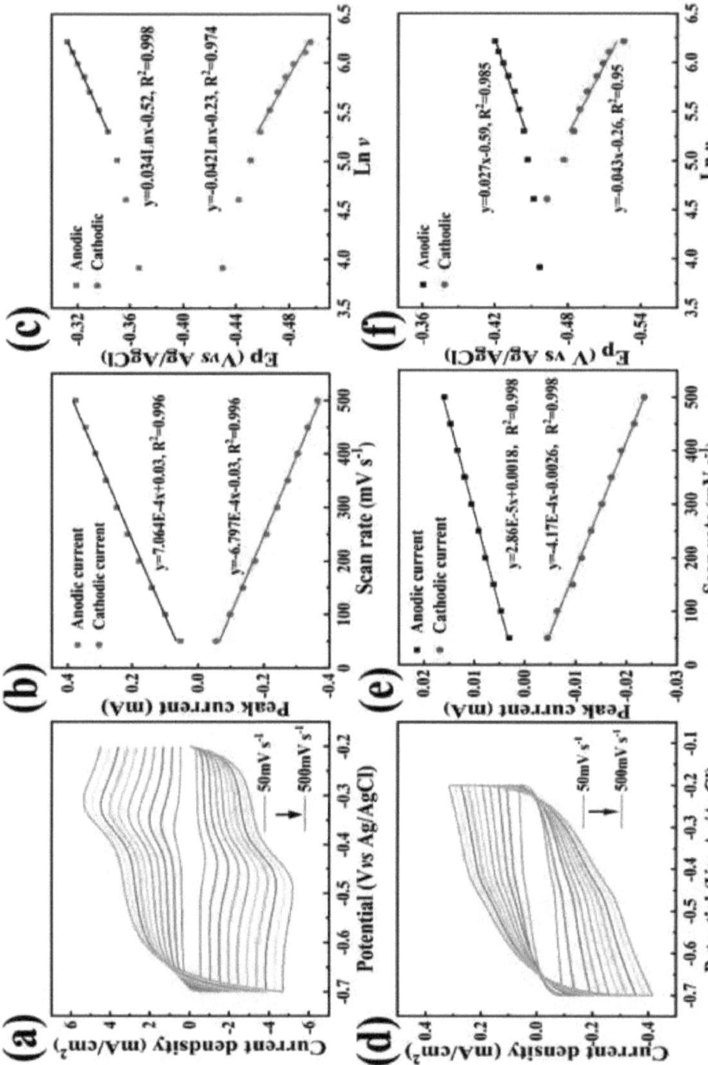

Fig. 2-8. (a) Curvas CV de GOx/N-PCFs/GCE em PBS 0,5 M saturado com N_2 (pH 7,0) a diferentes velocidades de varrimento. (b) As relações entre a corrente de pico e a velocidade de varrimento. (c) As relações de *Ep* vs. Ln *v*. (d) Curvas CV de GOx/PCFs/GCE em PBS 0,5 M saturado com N_2 (pH 7,0) a diferentes velocidades de varrimento. (e) As relações da corrente de pico vs. velocidade de varrimento. (f) As relações de *Ep* vs. Ln *v*.

Os comportamentos DET de GOx/N-PCFs/GCE e GOx/PCFs/GCE foram comparados por CV. Conforme ilustrado na Fig. 2-9, o GOx/PCFs/GCE apresenta correntes redox muito pequenas. Claramente, o GOx/N-PCFs/GCE apresenta um par de picos redox proeminentes, muito mais elevados do que os do GOx/PCFs/GCE. O valor ΔEp dos picos redox (-0,435 V) está estreitamente relacionado com o cofator do GOx ($FAD/FADH_2$), demonstrando ainda mais a sua propriedade DET. Dado que o GOx catalisa a oxidação da glucose acompanhada da formação de H O_{22} na presença de O_2 , a oxidação electrocatalítica de H O_{22} foi então investigada utilizando PCFs/GCE e N-PCFs/GCE. Como se mostra na Fig.2-10a, as N-PCFs/GCE apresentam um potencial de oxidação inicial mais baixo e uma corrente catalítica mais elevada do que as PCFs/GCE e as GCE nuas. Para atingir uma densidade de corrente catalítica de 0,2 mA cm^{-2} , são necessários potenciais de 1,09, 1,25 e 1,61 V para N-PCFs/GCE, PCFs/GCE e GCE, respetivamente. Os resultados demonstram que os N-PCFs apresentam um desempenho catalítico superior na oxidação de H O_{22} . Por conseguinte, espera-se que, quando as N-PCFs são utilizadas como materiais de suporte para a imobilização de GOx, a fim de construir um elétrodo catalítico em cascata, seja possível obter simultaneamente uma carga elevada de GOx e uma cinética de oxidação rápida de H O_{22} .

O desempenho catalítico em cascata do GOx/N-PCFs/GCE foi investigado em 0,5 M PBS (pH 7,0) com 100 mM de glucose na presença de O_2 . Como comparação, o OER foi realizado utilizando um elétrodo de Pt simples nas mesmas condições de teste. De acordo com as curvas de polarização apresentadas na Fig. 2-11a, é necessário um potencial elevado de cerca de 1,97 V (vs. RHE) para a OER utilizando o ânodo de Pt nu para permitir uma densidade de corrente de 5,0 mA cm^{-2} . Em contrapartida, o potencial necessário para que o bioanodo GOx/N-PCFs/GCE atinja a mesma densidade de corrente é significativamente reduzido em 0,54 V, indicando que a BCR é termodinâmica e cineticamente mais favorável do que a OER convencional em condições neutras. Foi investigado o efeito da electrooxidação da glucose na contribuição da corrente de oxidação para os N-PCFs. Como se mostra na Fig. 2-12, a oxidação eletroquímica direta da glucose em N-PCFs/GCE continua a exigir um sobrepotencial elevado, comparável ao do elétrodo de Pt nu, para catalisar a OER em condições neutras, o que confirma que a corrente de oxidação produzida pelo bioanodo GOx/N-PCFs/GCE provém predominantemente da BCR. Foi investigada a influência da concentração de glucose na corrente de oxidação. As densidades de corrente aumentam quando a concentração de glucose aumenta de 0 para 300 mM. Um aumento adicional da concentração de glucose revela um aumento negligenciável da densidade de corrente. A densidade de corrente a 1,25 V vs. RHE está linearmente relacionada com as gamas de concentração de glucose de 0 a 150 Mm (Fig. 2-13b).

O H_2O_2 produzido a partir da oxidação catalítica da glucose pelo bioanodo GOx/N-PCFs/GCE foi quantificado por iodometria sem reação eletroquímica oxidativa. As alterações cromogénicas com o aumento das concentrações de glucose foram detectadas pelo espetro de absorção UV-Vis. Como se mostra na Fig. 2-11b, é detectado um aumento significativo da intensidade de absorção a 350 nm à medida que as concentrações de glucose aumentam de 10 para 300 mM, indicando que a quantidade de H_2O_2 produzida a partir da reação enzimática está, em certa medida, positivamente correlacionada com a concentração de glucose. Além disso, o eletrólito após a reação catalítica foi caracterizado por FTIR e ^{13}C NMR. Como se mostra na Fig.2-14, o pico de adsorção aparece no número de onda de 1573 cm^{-1}, que se deve à extensão assimétrica de C-O-C , e o número de onda localizado a 1674 cm^{-1} corresponde à vibração de estiramento de C=O em COOH[99] , confirmando a formação de ácido glucónico após a reação enzimática. A Fig.2-11c mostra os espectros de RMN de ^{13}C da glucose padrão, do ácido glucónico e do eletrólito antes e depois da reação enzimática. A presença de glucose no eletrólito antes da reação é confirmada pelos picos típicos com deslocamentos químicos de 60,8 e 92,3 ppm. A existência de ácido glucónico no eletrólito após a reação pode ser verificada pelos picos específicos com deslocamentos químicos de 64,4 ppm e 178,5 ppm. Estes resultados confirmam que a BCR, em substituição da OER convencional, pode ser utilizada para obter produtos de valor acrescentado a baixo potencial. Finalmente, foi construída uma célula electrolítica acoplando um bioanodo GOx/N-PCFs/CP para

BCR e um cátodo de Pt para HER. Como se mostra na Fig. 2-11d, a glucose é oxidada para gerar ácido glucónico pelo GOx, juntamente com a redução de O_2 para produzir H O_{22} . A oxidação electrocatalítica de H O_{22} em N-PCFs é termodinâmica e cineticamente mais favorável do que a OER, como demonstrado acima. Por conseguinte, quando associada a um cátodo eficiente de evolução do hidrogénio, a EHP pode ocorrer a baixa tensão. A Fig. 2-11e mostra as curvas de polarização das células electrolíticas montadas. A célula electrolítica baseada no ânodo de Pt apresenta uma tensão de arranque elevada, de cerca de 1,70 V. Na célula electrolítica baseada em BCR com 300 mM de glucose, a tensão de arranque diminui para 1,10 V, o que implica uma eficiência de conversão de energia mais elevada do que a separação de água convencional em condições neutras. A estabilidade da célula electrolítica baseada em BCR foi ainda avaliada. A Fig.2-11f mostra a curva cronoamperométrica da célula electrolítica baseada em BCR a uma tensão constante de 1,23 V. A densidade da corrente diminui rapidamente nas primeiras 1 h, o que pode ser atribuído principalmente à lenta transferência de massa da glucose. A densidade de corrente torna-se gradualmente estável após 3 h e mantém-se a 0,11 mA cm^{-2} após 12 h, o que indica uma boa estabilidade do sistema de célula electrolítica baseada em BCR.

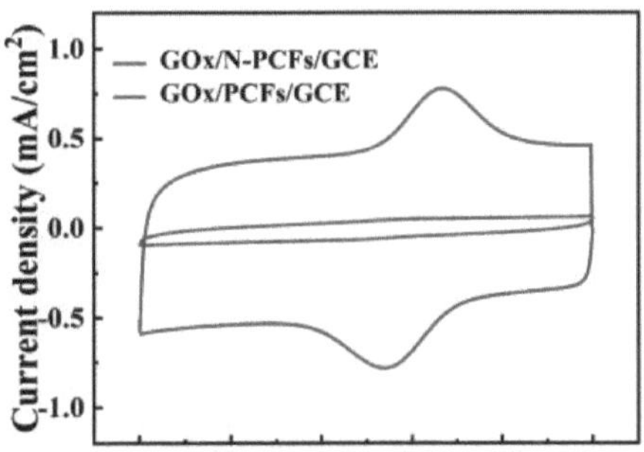

Fig. 2-9. Curvas CV de GOx/N-PCFs/GCE e GOx/PCFs/GCE em PBS 0,5 M (pH 7,0) saturado com N_2 a uma velocidade de varrimento de 50 mV s .$^{-1}$

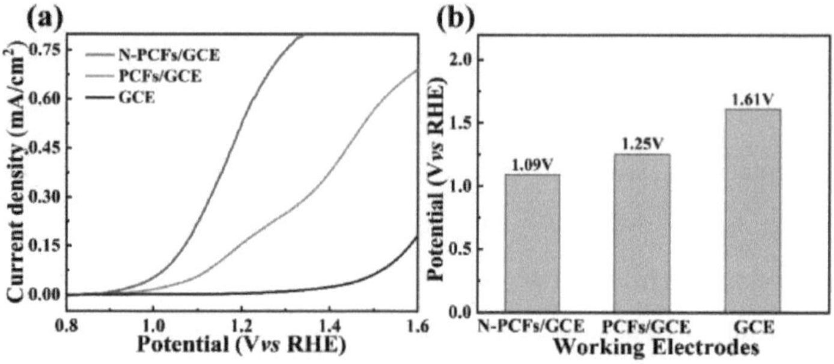

Fig.2-10. (a) Curvas CV GCE, PCFs/GCE e N-PCFs/GCE para catalisar a oxidação de 10 mM H O_{22} em 0,5 M PBS (pH 7,0) a 10 mV s^{-1} . (b) Comparação dos potenciais para atingir uma densidade de corrente de 0,2 mA cm^{-2} utilizando GCE, PCFs/GCE e N-PCFs/GCE.

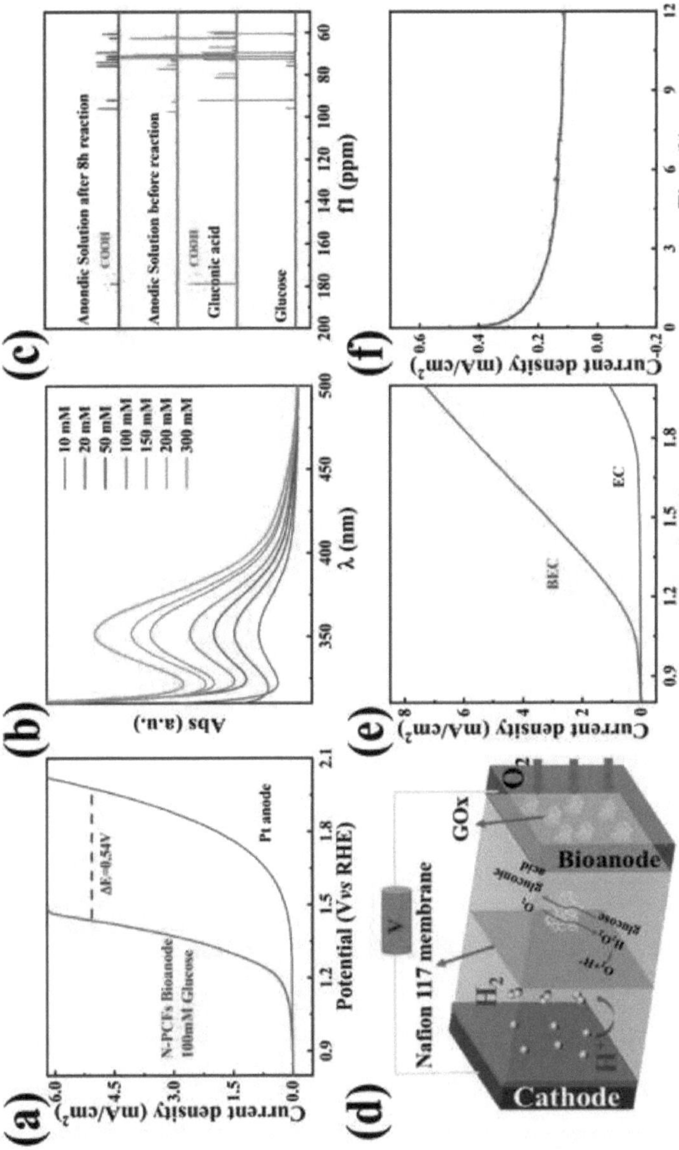

Fig. 2-11. (a) Curvas LSV do bioanodo GOx/N-PCFs/GCE e do ânodo de Pt em PBS 0,5 M (pH 7,0) com e sem glucose 100 mM. (b) Espectros de absorção UV-Vis de H O$_{22}$ a diferentes concentrações de glucose. (c) Espectros de RMN de^{13} C da glucose, do ácido glucónico e do

eletrólito antes e depois da reação. (d) Ilustração esquemática da célula electrolítica baseada em BCR. (e) Curvas de polarização das células electrolíticas fabricadas utilizando o bioanodo GOx/N-PCFs/CP e o cátodo de Pt (designado por BEC), e o ânodo de Pt e o cátodo de Pt (designado por EC). (f) Densidade de corrente em função do tempo para a célula electrolítica baseada em BCR a 1,23 V.

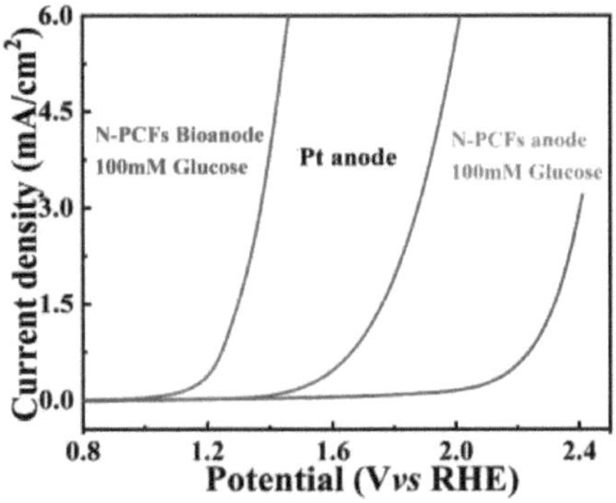

Fig. 2-12. Curvas LSV do bioanodo GOx/N-PCFs/GCE e do N-PCFs/GCE em PBS 0,5 M (pH 7,0) contendo 100 mM de glucose, e do elétrodo de Pt nu em PBS 0,5 M (pH 7,0).

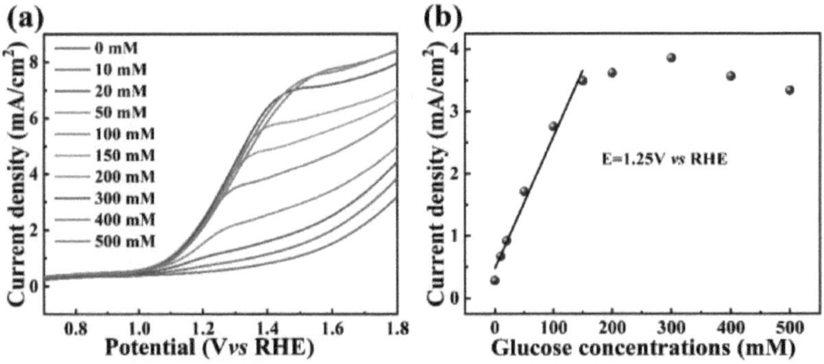

Fig.2-13. (a) Perfis LSV do GOx/N-PCFs/GCE na catalisação da oxidação da glucose com diferentes concentrações. (b) As curvas de calibração das concentrações de glucose com as densidades de corrente a 1,25 V.

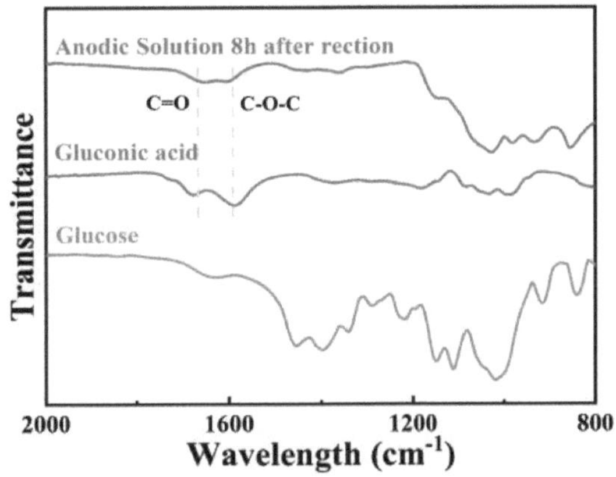

Fig. 2-14. Espectros FTIR da glucose, do ácido glucónico e após 8 h de reacções enzimáticas da oxidase utilizando o bioanodo GOx/N-PCFs/GCE.

Para além da aplicação em EHP, a BCR foi também utilizada no fabrico de ZABs inovadoras. É sabido que a reação de redução do oxigénio (RRO) é outra semi-reação essencial nas ZABs. Por conseguinte, o desempenho da reação de redução do oxigénio das N-PCFs foi primeiramente caracterizado utilizando a CV. O desempenho electrocatalítico da ORR dos N-PCFs é superior ao dos PCFs (Fig.2-15a). Os resultados indicam que a dopagem com N pode facilitar o desempenho ORR do material de carbono. Além disso, o comportamento de redução electrocatalítica H_2O_2 dos materiais de carbono obtidos foi investigado por CV. Como se pode ver na Fig.2-15b, os N-PCFs apresentam uma corrente de redução de H_2O_2 muito mais elevada e um potencial de início de redução de H_2O_2 mais elevado do que os PCFs, o que indica um melhor desempenho electrocatalítico na redução de H_2O_2. Note-se que o potencial de início da ORR é mais elevado do que o da redução de H_2O_2 para as N-PCFs. Por conseguinte, quando o cátodo GOx/N-PCFs-funcionalizado é utilizado para fabricar ZABs, a ORR ocorre preferencialmente à reação de redução do H_2O_2 durante a descarga, o que garante uma elevada tensão de descarga das ZABs. Para GOx/N-PCFs/GCE, são detectadas duas ondas de redução na ausência de glucose, que podem ser atribuídas à ORR e à redução do centro ativo de GOx (FAD $\rightarrow$ $FADH_2$), respetivamente. Quando se adiciona 100 mM de glucose ao eletrólito, a onda ORR desaparece (Fig.2-16a), demonstrando que o GOx imobilizado em N-PCFs mantém a atividade catalítica em relação à glucose na presença de O .2

Para demonstrar a potencial aplicação da BCR em baterias metal-ar, as ZAB recarregáveis foram montadas com um cátodo GOx/N-PCFs/CP e um ânodo de folha de Zn (Fig. 2-16b). A partir das curvas LSV das baterias (Fig. 2-16c), as tensões necessárias para obter uma densidade de corrente de 5 mA cm^{-2} são de 1,72 V e 2,46 V para a BCR-ZAB e a N-PCFs/CP-ZAB, respetivamente, o que sugere uma maior eficiência energética da BCR-ZAB. A Fig.2-16d mostra as curvas de polarização catódica e as densidades de energia da BCR-ZAB e da N-PCFs/CP-ZAB. Obviamente, a BCR-ZAB apresenta uma tensão de descarga e uma densidade de potência de pico mais elevadas (4,9 mW-cm^{-2}) do que as da N-PCFs/CP-ZAB (2,2 mW cm^{-2}). A Fig. 2-16e mostra os perfis de tensão de carga/descarga da BCR-ZAB e da ZAB baseada em N-PCFs/CP a várias densidades de corrente. A BCR-ZAB apresenta uma tensão de carga mais baixa e uma tensão de descarga mais elevada do que a da N-PCFs/CP-ZAB com a mesma densidade de corrente, o que sugere um excelente desempenho da BCR-ZAB. Além disso, o BCR-ZAB manifesta um desempenho de ciclo notável com uma pequena diferença de tensão de carga/descarga de ~280 mV a 0,1 mA cm^{-2} durante 170 h (Fig. 2- 16f). Em comparação, o intervalo de tensão de carga/descarga do N-PCFs/CP-ZAB aumenta de 780 mV para 860 mV, indicando a sua grande polarização de tensão. Os resultados demonstram inequivocamente a aplicação prática da BCR nos domínios das baterias metal-ar.

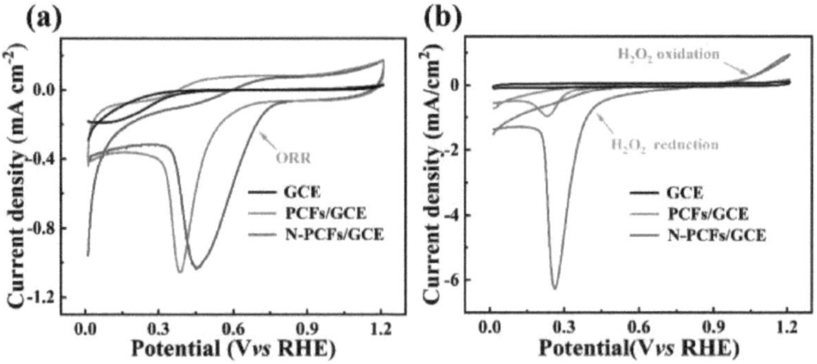

Fig. 2-15. (a) Curvas CV de GCE, PCFs/GCE e N-PCFs/GCE em PBS 0,5 M saturado com O_2 a

pH 7,0. (b) Curva CV de GCE, PCFs/GCE e N-PCFs/GCE em PBS 0,5 M saturado com N_2 (pH 7,0) contendo 10 mM H O_{22} . A velocidade de varrimento foi de 10 mV s .$^{-1}$

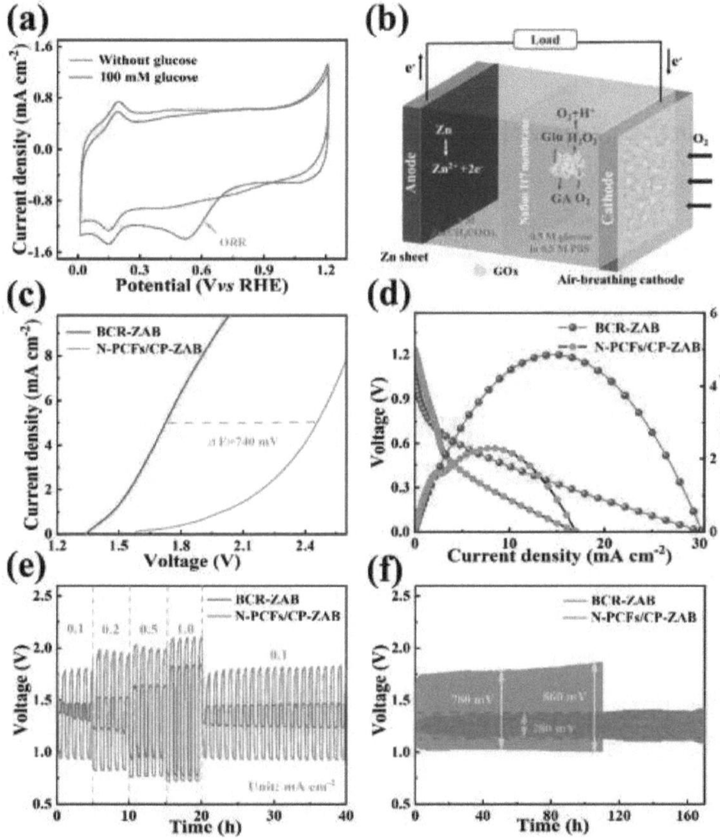

Fig.2-16. (a) CVs de GOx/N-PCFs/GCE em PBS 0,5 M saturado com O_2 (pH 7,0) com e sem glucose 100 mM a 50 mV s^{-1} . (b) Diagrama esquemático de BCR-ZAB. (c) Curvas de polarização anódica do BCR-ZAB e do N-PCFs/CP-ZAB a 5 mV s^{-1} . (d) Curvas de polarização catódica e de potência de saída do BCR-ZAB e do N-PCFs/CP-ZAB. (e) Perfis de tensão de carga/descarga da BCR-ZAB e da N-PCFs/CP-ZAB em diferentes densidades de corrente. (f) Desempenho de ciclagem da BCR-ZAB e da N-PCFs/CP-ZAB a 0,1 mA cm .$^{-2}$

2.4. CONCLUSÃO

Em resumo, uma reação bioelectroquímica em cascata (BCR) baseada no elétrodo funcionalizado GOx/N-PCFs é construída em condições neutras. Substituindo a OER pela BCR, é fabricado um sistema de produção eletroquímica de hidrogénio (EHP) economizador de energia com uma tensão de arranque inferior a 1,10 V. Do mesmo modo, é proposta uma ZAB recarregável inovadora baseada em BCR. A diferença de tensão de carga/descarga é tão baixa como 280 mV, muito inferior à da ZAB convencional sem GOx com a mesma densidade de corrente, e a ZAB baseada em BCR apresenta uma estabilidade de ciclo a longo prazo superior a 170 h a 0,1 mA cm^{-2}. Por conseguinte, as aplicações de BCR em EHP e ZABs recarregáveis demonstram uma maior eficiência energética e uma estabilidade superior do sistema. Este trabalho não só fornece uma estratégia inovadora para melhorar a eficiência energética dos sistemas EHP e ZAB, como também promove o desenvolvimento cruzado de enzimas biológicas e armazenamento e conversão electroquímicos de energia.

Capítulo 3: N-CNTs baseados em catalisadores bioelectroquímicos bifuncionais para produção de hidrogénio de elevada eficiência e baterias recarregáveis de zinco-ar

É interessante combinar a reação de oxidação da glucose (GOR) com a reação de evolução do hidrogénio (HER) devido à produção simultânea de ácido glucárico de elevado valor e à produção de hidrogénio de elevada eficiência utilizando moléculas à base de biomassa. Neste caso, foram preparados N-CNTs-1200 funcionalizados com glucose oxidase (GOx) e utilizados com sucesso como catalisadores bioelectroquímicos bifuncionais em aplicações de EHP e baterias recarregáveis de Zn-ar (ZABs). Em primeiro lugar, o GOx catalisa a reação de oxidação da glucose (GOR) para produzir ácido glucónico de valor acrescentado, acompanhado da geração de H_2O_2 em condições neutras. Em segundo lugar, os N-CNTs-1200 são utilizados como electrocatalisadores na reação de electrooxidação do peróxido de hidrogénio situ (HPER). Em terceiro lugar, os N-CNTs-1200 têm uma grande área de superfície e grafitização, o que promove o transporte de massa e melhora a condutividade eléctrica e a estabilidade do catalisador bioelectroquímico. Os electrolisadores EHP montados podem fornecer 10 mA cm^{-2} a 1,60 V devido à oxidação catalítica de H_2O_2 em substituição do OER. A bateria Zn-ar (ZAB) montada com um catalisador bioelectroquímico bifuncional apresentou uma grande densidade de potência e uma excelente estabilidade de ciclos. A ZAB foi repetidamente ciclada a 0,1 mA-cm^{-2} e estabilizada durante 200 h. Por conseguinte, o trabalho sugere que a conceção de um catalisador bioelectroquímico bifuncional eficiente e estável é uma estratégia de poupança de energia e de elevada eficiência para a produção de H_2 e a utilização de biomassa.

3.1 Introdução

As questões da escassez de energia e da poluição ambiental inspiraram a investigação no domínio das energias limpas e sustentáveis, incluindo as células de combustível e as baterias metal-ar[121,122] . O H_2 é uma fonte de energia limpa e renovável promissora devido à sua elevada densidade energética e ao seu respeito pelo ambiente[123-126]. Atualmente, a produção eletroquímica de hidrogénio (EHP) constitui uma abordagem ideal para produzir H_2 quando associada a várias energias renováveis intermitentes[127,128]. Por conseguinte, é importante explorar electrocatalisadores eficientes e económicos para a oxidação da água. O sistema EHP envolve uma reação anódica de evolução do O_2 (OER) e uma reação catódica de evolução do H_2 (HER)[129,130]. Infelizmente, a OER é um processo complexo de transferência de quatro electrões com um potencial termodinâmico elevado e uma cinética de OER lenta, o que normalmente exige uma grande quantidade de eletricidade para igualar a taxa de HER[131-133]. No entanto, o elevado consumo de eletricidade reduz a taxa global de reação e a eficiência da conversão energética, restringindo assim a sua aplicação generalizada[134-136]. Além disso, o produto O_2 da OER e o produto H_2 da HER podem formar uma mistura explosiva, o que constituiria um grave problema de segurança[137,138]. Além disso, o O_2 é de baixo valor. Simultaneamente, o cruzamento de gases entre O_2 e H_2 pode produzir espécies reactivas de oxigénio (ROS), que destruirão a membrana dos electrolisadores de água. Por conseguinte, uma reação anódica alternativa, que pode gerar um produto valioso e ser termodinâmica e economicamente mais favorável do que a OER, é uma abordagem promissora.

Para obter alternativas ideais às REO, a reação de oxidação da biomassa (RBO) com pequenas moléculas tem sido referida e amplamente utilizada devido ao seu potencial de equilíbrio termodinâmico muito inferior[139-143]. Entre as várias BOR, a reação de oxidação da glucose (GOR) tem atraído um enorme interesse. Em primeiro lugar, a glucose pode ser extraída de biomassa abundante e é a fonte de energia para o metabolismo das células vivas. Além disso, os produtos oxidativos da glucose, incluindo o ácido glucónico e o ácido glucárico, são intermediários importantes nas indústrias alimentar, médica, química e têxtil[144-147]. A eletrólise da glucose constitui um método promissor para a síntese de ácido glucárico com valor acrescentado e para a produção de hidrogénio com eficiência energética a partir de moléculas de biomassa[148]. Por exemplo, o grupo de Yu apresentou uma célula electrolítica integrada eficiente, ligando a electrooxidação da glucose à HER. O NiFeOx foi utilizado como elétrodo anódico e o NiFeNx como elétrodo catódico, respetivamente[149] . Wang et al relataram um novo sistema de produção de H_2 com baixo consumo de energia eléctrica. O eletrolisador EHP montado pode fornecer uma densidade de corrente de 100 mA cm^{-2} a 0,92 V[150] . O acoplamento da produção de H_2 com a GOR parece ser uma abordagem eletroquímica promissora para a poupança de energia e a produção de H_2 de elevada eficiência. No entanto, a tensão de entrada é apenas 0,05 V inferior à da eletrólise convencional da água (1,23 V)[151,152] . Além disso, a maioria dos catalisadores bifuncionais preparados carece de multifuncionalidade, o que dificulta a utilização de electrocatalisadores em dispositivos de energia limpa[153,154] . Zhang e colaboradores relataram uma reação bioelectroquímica em cascata de elevada eficiência, que é termodinamicamente mais favorável do que a OER convencional. O GOx e a Pt foram utilizados como biocatalisador e electrocatalisador para a oxidação da glucose e do H O_{22} , respetivamente. O potencial de oxidação anódica da glucose foi reduzido em ~0,70 V, em comparação com a eletrólise convencional da água[155] . Embora os electrocatalisadores à base de metais nobres tenham sido intensamente investigados em numerosos estudos, a sua escassez, elevado custo e baixa durabilidade incentivam os investigadores a explorar catalisadores alternativos abundantes e acessíveis[156,157] . Tendo em conta estes pontos fortes, propusemos a hipótese de um catalisador bifuncional eficiente, que pode não só catalisar a produção de H_2 a baixas voltagens, mas também produzir produtos de elevado valor em meios neutros. No entanto, a tensão de entrada é apenas 0,05 V inferior à da eletrólise convencional da água (1,23 V). Além disso, a maior parte dos catalisadores bifuncionais preparados carecem de multifuncionalidade, o que dificulta a utilização de electrocatalisadores em dispositivos de energia limpa. Zhang e colaboradores relataram uma reação em cascata bioelectroquímica de elevada eficiência, que é termodinamicamente mais favorável do que a OER convencional. O GOx e a Pt foram utilizados como biocatalisador e electrocatalisador para a oxidação da glucose e do H O_{22} , respetivamente. O potencial de oxidação anódica da glucose foi reduzido em ~ 0,70 V, em comparação com a eletrólise convencional da água. Embora os electrocatalisadores à base de metais nobres tenham sido intensamente investigados em numerosos estudos, a sua escassez, elevado custo e baixa durabilidade incentivam os investigadores a explorar catalisadores alternativos abundantes e acessíveis. Considerando estes pontos fortes, propusemos a hipótese de um catalisador bifuncional eficiente, que pode não só catalisar a produção de H_2 a baixas tensões, mas também produzir produtos de elevado valor em meios neutros.

Por conseguinte, propomos uma abordagem de bioelectrocatálise ecológica, eficiente e viável para produzir produtos químicos de valor acrescentado e hidrogénio através da ligação da GOR à matriz de carbono. Neste caso, a glucose oxidase (GOx) foi ancorada em N-CNTs-1200 para preparar um catalisador bifuncional altamente ativo e duradouro. Os N-CNTs-1200 foram preparados por pirólise de uma mistura de melamina e sal de Co, em que a melamina foi utilizada como precursor de C e N e o sal de Co foi utilizado como catalisador para a formação in-situ de N-CNTs. Na presença de O_2 , o GOx foi utilizado como biocatalisador para converter a glucose em ácido glucónico e produzir H O_{22} em meio neutro (glucose + O_2 $\rightarrow$ ácido glucónico + H O_{22}). Os N-CNTs foram utilizados como electrocatalisadores para electro-oxidar ainda mais o H O_{22} in situ, o que é termodinamicamente mais favorável do que a REO. Como abordagem alternativa à OER, a reação de oxidação da glicose (GOR) e a reação de electrooxidação do peróxido de hidrogénio (HPER) foram utilizadas como semi-reação anódica e catódica na EHP e nas baterias recarregáveis de Zn-ar (ZABs), respetivamente. A bioelectrocatálise combina plenamente as vantagens da biocatálise e da electrocatálise para obter uma produção ecológica e eficiente de produtos de elevado valor e a produção de hidrogénio.

3.2 Secção experimental

3.2 .1 Preparação do material N-CNTs

Os N-CNTs foram sintetizados e utilizados como materiais de suporte para a imobilização de GOx. Em primeiro lugar, Melamina e Co (NO)$_{32}$ -6H_2 O foram misturados e moídos em etanol na proporção de 3 para 1 por 30 min para garantir que os precursores fossem misturados uniformemente. A mistura foi seca a vácuo a 50 °C durante a noite e moída novamente para obter um pó fino. As amostras secas foram então colocadas em um cadinho de corindo e aquecidas a 800, 1000, 1200 e 1400 °C

(2 °C min^{-1}) em um forno tubular com fluxo de N_2 e mantidas por 2 h. Os produtos de carbono resultantes foram lavados com 3 M HNO_3 e água desionizada até que o pH do filtrado atingisse 7,0. A amostra neutra foi finalmente centrifugada e seca a vácuo a 50 °C durante a noite. A amostra obtida foi denominada como N-CNTs-800, N-CNTs-1000, N-CNTs-1200, N-CNTs-1400, respetivamente .

3.2.2 Modificação dos eléctrodos de trabalho

O elétrodo de carbono vítreo (GCE) foi sucessivamente polido em pasta de Al O_{23} (1,0 μm e 0,05 μm) e lavado por ultra-sons com etanol e água desionizada sucessivamente. Os materiais de carbono foram dispersos em N, N-dimetilformamida (DMF) com sonicação para formar uma dispersão homogénea (10 mg-mL^{-1}). Foram deixados cair 5 μL de suspensão de materiais de carbono na superfície do GCE de limpeza e deixou-se secar sob uma lâmpada para evaporar o solvente, o que resultou numa película uniforme. O elétrodo GCE modificado com N-CNTs-t resultante é designado por elétrodo N-CNTs-t/GCE. Foram lançados 5 μL de solução GOx na superfície do elétrodo N-CNTs-t/GCE e espalhados uniformemente por toda a superfície. Os eléctrodos modificados foram armazenados durante um período de 6 h num frigorífico a 4° C. Ao GCE modificado com GOx/N-CNTs-t, foram adicionados 3 μL de solução de Nafion (5‰) e os eléctrodos foram colocados num frigorífico a 4° C durante 2 h. A solução PBS 0,5 M (pH 7,0) foi utilizada como eletrólito para as medições electroquímicas.

3.2.3 Medições electroquímicas

As medições electroquímicas foram realizadas numa estação de trabalho eletroquímica (Chenhua, Xangai) numa célula de três eléctrodos à temperatura ambiente. A folha de Pt e Ag/AgCl (KCl sat.) foram utilizados como eléctrodos de referência e de contagem, respetivamente. A oxidação bioelectrocatalítica da glucose e a oxidação electrocatalítica do H O_{22} foram investigadas utilizando a voltametria de varrimento linear (LSV) a 10 mV s^{-1} num instrumento eletroquímico CHI760E. Os eléctrodos do catalisador foram continuamente varridos por CV até que uma curva CV estável pudesse ser repetida antes de medir as curvas de polarização. O potencial testado vs. Ag/AgCl foi convertido num RHE de acordo com a equação: $E_{RHE} = E_{Ag/AgCl}$

+ 0,059 × pH + 0,199.

3.2.4 Preparação e avaliação dos electrolisadores EHP

O teste EHP foi realizado numa configuração de célula electrolítica de duas câmaras dividida por uma membrana de Nafion 117. Para a montagem da célula electrolítica, foi utilizado papel de carbono hidrofóbico (CP) como coletor de corrente para fabricar o bioânodo de respiração de ar funcionalizado com GOx/N-CNTs-1200. Resumidamente, 80 μL de dispersão de N-CNTs-1200 foram depositados na superfície do CP (1,13 cm^2). Após a secagem, 80 μL de GOx foram lançados sobre o CP modificado com N-CNTs-1200 e depois mantidos num frigorífico a 4 °C durante 6 h. Finalmente, à superfície do CP modificado com GOx/ N-CNTs-1200, foram depositados 48 μL de solução de Nafion (1%). Os elétrodos foram colocados num frigorífico a 4 °C durante 2 h. O elétrodo obtido foi colocado numa câmara onde se utilizou como anólito 0,5 M PBS (pH 7,0) contendo 300 mM de glucose. Um fio de Pt foi colocado na outra câmara em que N_2 -saturado 0,5 M PBS (pH 7,0) foi usado como católito. O desempenho eletroquímico da célula electrolítica montada foi operado utilizando LSV a 10 mV s^{-1} e cronoamperometria a 1,23 V num instrumento eletroquímico CHI760E.

3.2.5 P reparação e avaliação da bateria de zinco-ar

Para preparar ZABs baseadas em BCR (BCR-ZAB), Nafion/GOx/N-CNTs-1200/CP e placa de zinco foram utilizados como cátodo de ar e ânodo da bateria de zinco-ar. A solução mista de 1,0 mol L^{-1} acetato de zinco foi utilizada como católito. Como anólito foi utilizado PBS 0,5 M (pH 7,0) contendo glucose 0,5 M. As medições de carga/descarga das ZABs foram efectuadas utilizando um aparelho de teste de baterias multicanal (Land CT2001A) a 0,1 mA cm^{-2} . Foram realizadas experiências de voltametria de varrimento linear (LSV) para registar as curvas de polarização das ZABs preparadas a uma velocidade de varrimento de 5,0 mV-s^{-1} . Para efeitos de comparação, as ZAB convencionais foram montadas utilizando um cátodo de N-CNTs-1200/CP e um ânodo de folha de Zn polido (designado por N-CNTs-1200/CP-ZAB).

3.2.6 Caracterização dos materiais

As estruturas cristalinas foram analisadas por difratómetro de raios X de alta resolução (XRD) sob radiação Cu Kα entre 5°-80°. A morfologia dos electrocatalisadores foi examinada por um microscópio eletrónico de transmissão de emissão de campo (JEOL F200). A distribuição dos elementos foi caracterizada com um analisador de espetro de energia. As curvas de absorção e dessorção de azoto foram obtidas num analisador Brunauer-Emmett-Teller (BET) (ASAP 2460). A espetroscopia de fotoelectrões de raios X (XPS) foi realizada no Thermo Scientific ESCALab 250XI utilizando radiação Al Kα monocromática de 200 W. A espetroscopia de infravermelhos por transformada de Fourier (FTIR, Bruker TENSOR II, Alemanha) foi utilizada para determinar os grupos funcionais, tendo todas as amostras sido preparadas utilizando o método KBr. A estrutura do suporte de carbono foi caracterizada por espetrómetro Raman micro confocal a laser (comprimento de onda de excitação: 325 nm, gama espetral: 200-3000 cm^{-1}). A informação elementar foi fornecida com o espetrómetro de fotoelectrões de raios X (Thermo ESCALAB 250XI). Todos os espectros de ressonância magnética nuclear (RMN) de^1 C foram registados num Bruker DRX 400 MHz a 25°C utilizando um bloqueio externo (DMSO-d6) e referenciados ao solvente residual não deuterado (DMSO).

3.3. R esultados e discussão

3.3.1 Caracterização dos materiais

Fig.3- 1a mostra o percurso sintético esquemático dos N-CNTs. A melamina foi misturada com sal de Co para formar um pó fino. O precursor foi então aquecido a 800 °C, 1000 °C, 1200 °C e 1400 °C por 2 h para formar um composto de Co @ N-CNTs. Após o recozimento a alta temperatura, a decomposição e a carbonização da melamina levam à geração de Co @ N-CNTs. Após lavagem com 3 M HNO_3 para remover as espécies de Co, foram obtidos N-CNTs. As estruturas morfológicas dos N-CNTs foram primeiramente caracterizadas por SEM (**Fig.3-1b** e **c**). As imagens SEM dos N-CNTs indicaram uma nanoestrutura oca em forma de bambu. O diâmetro dos

N-CNTs-1200 varia entre 180 nm e 200 nm e o seu comprimento é da ordem das várias centenas de nanómetros. **As Fig.3-1d** e **e** indicam que os N-CNTs-1200 têm uma estrutura de rede típica. Na imagem HRTEM (**Fig.3-1f**), observam-se muitos domínios grafitizados com um espaçamento de rede de 0,47 nm e regiões amorfas. **A Fig.3-1j** mostra o TEM de varrimento (STEM) e as imagens de mapeamento de elementos correspondentes dos N-CNTs-1200, mostrando que os elementos C, N e O estão uniformemente dispersos pelos N-CNTs-1200.

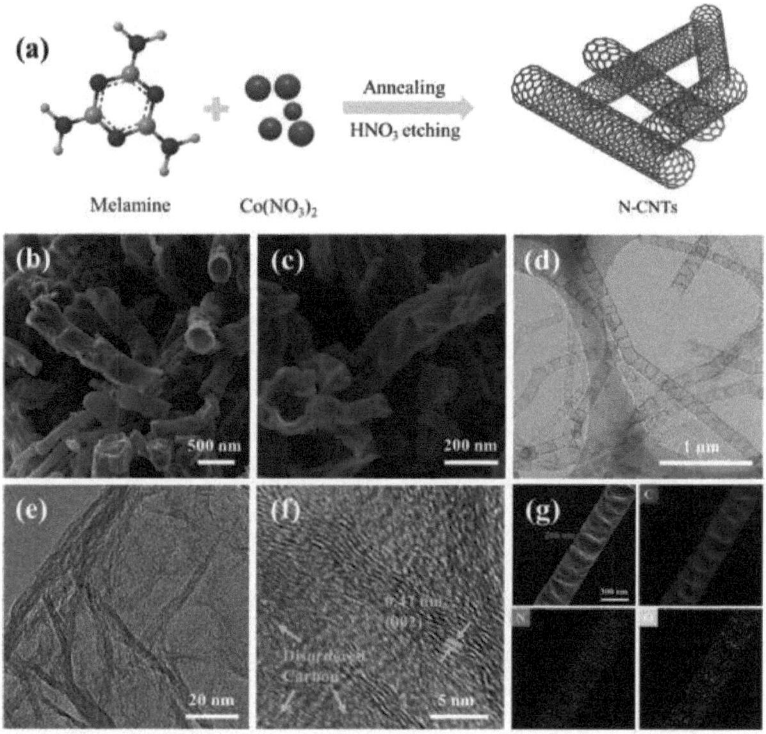

Fig.3 -1. (a) Diagrama esquemático da preparação de N-CNTs. (b, c) Imagens SEM de N-CNTs-1200. (d, e) TEM. (f) HR-TEM, e (g) as imagens de mapeamento de elementos correspondentes de N-CNTs-1200.

Por outro lado, a estrutura cristalina das partículas de N-CNTs foi detectada por XRD. **A Fig.3 -2a** indica a análise de difração de raios X (XRD) das amostras N-CNTs-800, N-CNTs-1000, N-CNTs-1200 e N-CNTs-1400. O padrão de difração mostrou que os N-CNTs revelam boa cristalinidade com picos de difração caraterísticos a cerca de 26°

e 43°, representando os planos (002) e (101). A presença do pico (002) altamente cristalino sugere a formação de carbono grafítico ordenado. A intensidade relativa do plano de rede do C (002) para os N-CNTs aumentou significativamente com o aumento da temperatura, indicando um maior grau de grafitização. Os resultados indicaram que um tratamento térmico adequado pode aumentar a grafitização dos N-CNTs. Não foi observada qualquer caraterística de reação relacionada com o Co e outras impurezas nos seus padrões, indicando que a remoção das partículas de Co durante o processo de gravação. **A Fig.3-2b** mostrou o espetro FTIR dos N-CNTs. O pico de absorção largo na região de 3128 cm^{-1} está relacionado com a vibração de estiramento N-H/O-H, indicando a presença de grupos amino livres e grupos hidroxilo. O pico de absorção a 1629 cm^{-1} representa o grupo carbonato. Os picos a 1402 cm^{-1} são causados por vibrações de tração assimétricas das ligações C-O. Os picos de absorção menores e a intensidade mais fraca dos picos observados nos N-CNTs-1400 do que nos N-CNTs-800, N-CNTs-1000 e N-CNTs-1200 indicam que os grupos funcionais das ligações C-O foram removidos durante o processo de pirólise. O espetro Raman foi utilizado para caraterizar a estrutura das amostras. Como pode ser visto na **Fig.3-2c**, as duas amostras exibem dois picos predominantes em ~ 1340 e ~ 1580 cm^{-1}, correspondendo à banda D e à banda G da estrutura de carbono, respetivamente. A banda D reflecte a desordem ou defeitos na estrutura de carbono, enquanto a banda G está relacionada com a disposição ordenada dos átomos de carbono sp^2 na estrutura de grafite. Em geral, o grau de defeito dos materiais de carbono pode ser refletido a partir do rácio de intensidade da ligação D em relação à ligação G (I/I_{DG}). Os valores de I/I_{DG} de diferentes temperaturas de carbonização são 0,993, 0,995, 1,008 e 0,999, respetivamente. O método Brunauer-Emmett-Teller foi conduzido para caraterizar a área de superfície específica (SSA) e a distribuição do tamanho poroso dos N-CNTs como sintetizados. **A Fig.3 -2d** mostrou as isotérmicas de adsorção/dessorção de N_2 dos N-CNTs. A SSA dos N-CNTs-1200 foi calculada em 245,99 $cm^3\ g^{-1}$, mais elevada do que a dos outros N-CNTs. Os N-CNTs-1000 também têm um SSA elevado de 220,47 $cm^3\ g^{-1}$, reflectindo as vantagens do método de pirólise catalítica para a formação de estruturas irregulares. O ciclo de histerese dos N-CNTs-1000 e N-CNTs-

1200 apresenta curvas típicas do tipo IV, indicando a presença de microporos e mesoporos. **A Fig.3-2e** mostra o gráfico de colunas da área de superfície específica e o gráfico de linhas da abertura média a quatro temperaturas diferentes. Pode concluir-se que a sua abertura média é grande e que a abertura aumenta com o aumento da temperatura. O tamanho dos poros do N-CNT-1200 era de 11,14 nm. A maior SSA, a distribuição mais ampla do tamanho dos poros e o maior volume de poros dos N-CNT-1200 são benéficos para a dispersão dos sítios activos.

Foram realizadas análises CV e EIS para investigar o desempenho eletroquímico de N-CNTs-800/GCE, N-CNTs-1000/GCE, N-CNTs-1200/GCE e N-CNTs-1400/GCE. Como se mostra na **Fig.3-3a**, os quatro eléctrodos modificados apresentaram picos redox claramente definidos, correspondentes à resposta redox do par $[Fe(CN)6]^{4-/3-}$. Em particular, os N-CNTs-1200/GCE manifestaram correntes redox mais elevadas e valores mais baixos de separação pico a pico (ΔEp) do que os dos outros três eléctrodos, indicando uma maior área electroactiva e uma menor polarização dos N-CNTs-1200/GCE. A nossa ideia foi ainda verificada por espetroscopia de impedância eletroquímica (EIS) em N-CNTs-800/GCE, N-CNTs-1000/GCE, N-CNTs-1200/GCE e N-CNTs-1400/GCE (**Fig.3-3b**). O diâmetro semicircular da região de alta frequência corresponde à resistência à transferência de carga (R_{ct}) na interface elétrodo-eletrólito, e a curva linear ligeiramente inclinada da região de baixa frequência é definida como a impedância de Warburg (Z_w), que está relacionada com a difusão de iões no eletrólito. **A Fig.3-3b** apresenta os resultados EIS para os quatro eléctrodos modificados. Não se encontra nenhum semicírculo significativo nos quatro eléctrodos, o que indica que a resistência à transferência de carga no elétrodo modificado com N-CNT é baixa. Por conseguinte, espera-se que a imobilização de enzimas em N-CNTs-1200/GCE melhore o desempenho eletroquímico. Em seguida, medimos sistematicamente voltamogramas cíclicos (CVs) nas regiões não faradáicas para estimar as áreas de superfície electroquimicamente activas (ESCAs) com base nos cálculos de capacitância de camada dupla (C_{dl}) (**Fig.3-4 a-d**). A EASA pode ser calculada a partir da capacitância de dupla camada com base na equação 1:

$$EASA = \frac{C_{dl}}{C_s}$$

Sendo C_{dl} a capacidade específica dos materiais, os valores calculados de C_{dl} para N-CNTs-1200 são 32,4 mF cm^{-2} . (**Fig.3- 4e**). Os N-CNTs-1200 apresentam um valor C_{dl} mais elevado do que outras temperaturas de carbonização devido à maior área de superfície específica dos N-CNTs-1200 e a mais sítios activos. Ao calcular a EASA, assume-se que o C_s é o mesmo valor fixo. Por conseguinte, o valor EASA dos N-CNTs-1200 é muito superior ao de outras temperaturas de carbonização. Os resultados sugerem que os N-CNTs-1200 possuem mais sítios activos, o que favorece a penetração do eletrólito, obtendo-se assim um excelente desempenho electrocatalítico.

A espetroscopia de fotoelétrons de raios X (XPS) foi realizada para investigar as composições elementares e o estado de ligação química das amostras N-CNTs-1200. Os resultados do XPS revelaram que três picos localizados em ~284,8, ~401,2 e ~ 531,9 eV no espetro de pesquisa XPS de N-CNTs-1200 são detectados, indicando a presença de elementos C, N e O. Nenhum outro elemento foi detectado, indicando que o Co foi completamente removido durante o processo de lixiviação ácida. **A Fig.3-2g** apresenta o XPS C 1s dos N-CNTs-1200, exibindo quatro picos distintos a aproximadamente 283,95 eV, 284,71 eV, 286,74 eV e 290,48 eV, correspondentes aos grupos C=C, C=O, C-O/C-N e O-C=O, respetivamente. Os quatro picos caraterísticos de N 1s são mostrados na **Fig.3-2h**, que se relacionam com diferentes grupos funcionais: piridínico-N-O oxidado (404,21 eV), grafítico-N (401,75 eV), pirrólico-N (399,99 eV) e piridínico-N (397,38 eV). Entretanto, os espectros de nível central de O 1s (**Fig.3-2i**) podem ser resolvidos em três componentes distintos localizados a 530,56, 531,82 e 530,56 eV, que podem ser atribuídos a O-C, O-N e O-H, respetivamente.

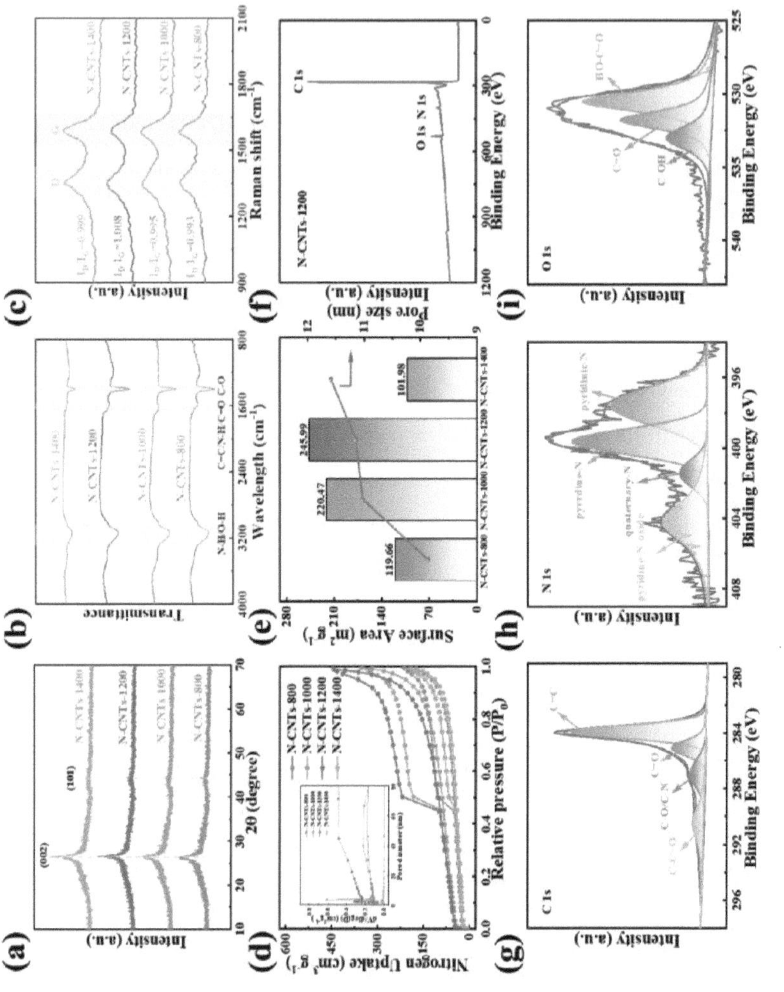

Fig.3-2. (a) Padrões de XRD. (b) Espectros FTIR. (c) Espectros Raman. (d) Isotérmicas de adsorção/dessorção de N_2 . (e) Gráfico da área de superfície específica e do tamanho dos poros em função da temperatura de carbonização. (f) Espectro de XPS de N-CNTs-1200. A parte inferior da Fig. 2d mostra as curvas de distribuição do tamanho dos poros. XPS de alta resolução de N-CNTs-1200. (g) C 1s. (h) N 1s. (i) O 1s.

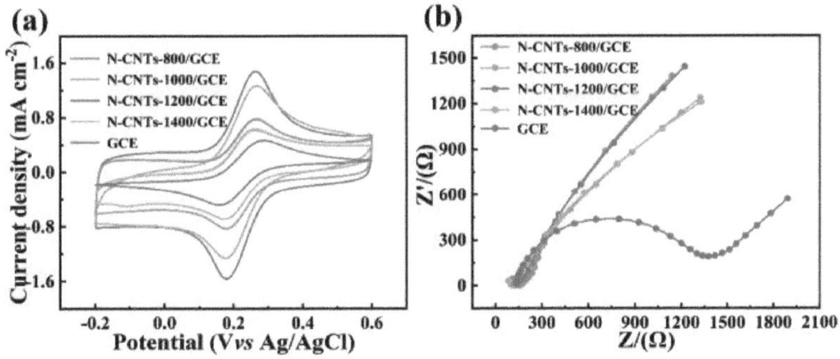

Fig.3-3(a) Curvas CV de GCE simples e N-CNTs-t/GCE em solução de 5 mmol L^{-1} $Fe(CN)_6^{4-/3-}$ (1:1) contendo 0,10 mol L^{-1} KCl, a uma velocidade de varrimento de 50 mV s^{-1} . (b) EISs de GCE nu e N-CNTs-t/GCE em 5 mmol L^{-1} $Fe(CN)_6^{4-/3-}$ (1:1) solução contendo 0,10 mol L^{-1} KCl, com uma gama de frequências de 0,1 a 10^5 Hz, um potencial de circuito aberto de 0,23 V e uma amplitude de 5 mV.

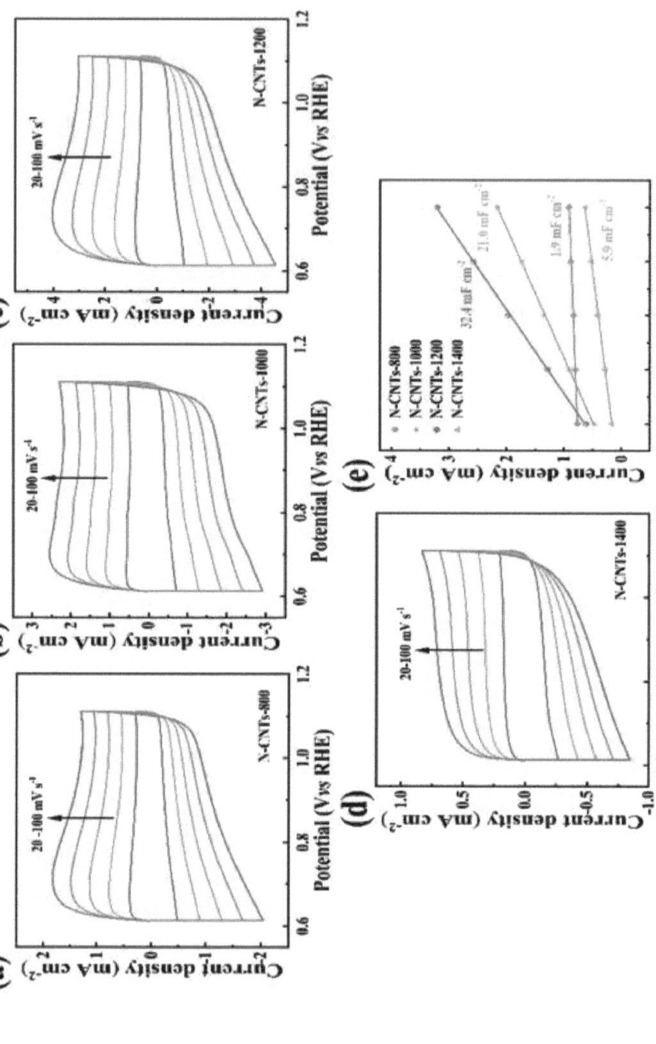

Fig.3-4 . (a-d) Curvas CV de N-CNTs-800, N-CNTs-1000, N-CNTs-1200 e N-CNTs-1400 a diferentes velocidades de varrimento. (e) C_{dl} de N-CNTs-800, N-CNTs-1000, N-CNTs-1200 e N-CNTs-1400.

3.3.2 Desempenho eletroquímico

É sabido que a redução de oxigénio (ORR) é outra semi-reação importante em

ZABs. Por conseguinte, as propriedades ORR dos N-CNT-t foram primeiramente caracterizadas por CV. O desempenho electrocatalítico ORR do N-CNT-1200 foi melhor do que o do N-CNT-t (**Fig.3-5a**). Além disso, o comportamento de redução electrocatalítica H_2O_2 dos materiais de carbono preparados foi estudado pelo método CV. Como se pode ver em **Fig.3-5b** , os N-CNTs-1200 têm uma corrente de redução de H_2O_2 mais elevada e um potencial de arranque de redução de H_2O_2 mais elevado do que o elétrodo modificado com N-CNTs a outras temperaturas, indicando que o desempenho electrocatalítico dos N-CNTs-1200 para a redução de H_2O_2 é melhorado. Note-se que, para os N-CNTs-1200, o potencial efetivo de ORR (0,793 V) é superior ao da redução de H_2O_2 (0,745 V). Por conseguinte, quando as ZABs são preparadas utilizando cátodos funcionalizados com GOx/N-CNTs-1200, a reação ORR é preferencialmente realizada durante a descarga, em vez da reação de redução de H_2O_2 , garantindo assim a elevada tensão de descarga das ZABs. Considerando que o GOx catalisa a oxidação da glucose e gera H_2O_2 na presença de O_2 , a oxidação electrocatalítica de H_2O_2 foi estudada utilizando N-CNT-t/GCE. Como se mostra na **Fig.3-5d**, o N-CNT-1200/GCE tem um potencial de iniciação da oxidação mais baixo e uma corrente catalítica mais elevada. Com a mesma tensão de 0,9 V vs RHE, as densidades de corrente obtidas de N-CNTs-800/GCE, N-CNTs-1000/GCE, N-CNTs-1200/GCE e N-CNTs-1400/GCE foram 0,21, 1,54, 4,02 e 2,23 mA cm^{-2} , respetivamente. Os resultados mostram que tem um excelente desempenho catalítico para a oxidação de H_2O_2 . Por conseguinte, a utilização de N-CNT-1200 como material de transporte para GOx imobilizado para construir um elétrodo catalítico em cascata pode atingir uma carga elevada de GOx e uma cinética de oxidação rápida de H_2O_2 .

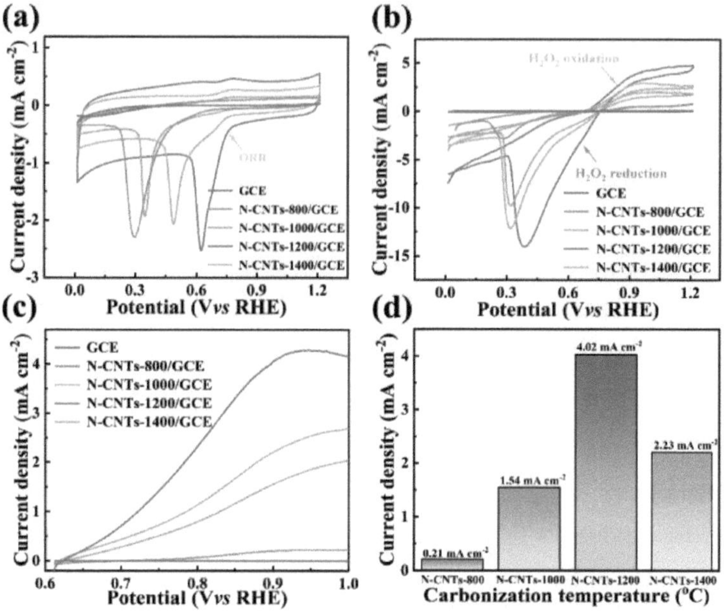
(a)
(b)
(c)
(d)
Current density (mA cm^{-2})
Potential (V vs RHE)
ORR
GCE
N-CNTs-800/GCE
N-CNTs-1000/GCE
N-CNTs-1200/GCE
N-CNTs-1400/GCE
H_2O_2 oxidation
H_2O_2 reduction
0.21 mA cm^{-2}
1.54 mA cm^{-2}
4.02 mA cm^{-2}
2.23 mA cm^{-2}
N-CNTs-800
N-CNTs-1000
N-CNTs-1200
N-CNTs-1400
Carbonization temperature (^{o}C)

Fig.3-5 . (a) Curvas CV da redução de O_2 por GCE, N-CNTs-800/GCE, N-CNTs-1000/GCE, N-CNTs-1200/GCE e N-CNTs-1400/GCE. (b) Curva CV de diferentes eléctrodos modificados sem imobilização de enzimas electroquímicas na redução de O_2 saturada com 0,5 M de PBS contendo 10 mM de $H O_{22}$. (c) Curvas CV da redução catalisada por 10 mM $H O_{22}$ de soluções de PBS 0,5 M. (d) Comparação da densidade de corrente em 0,9 V vs RHE para diferentes materiais de eléctrodos. Velocidade de varrimento: 10 mV s .$^{-1}$

Para obter o elétrodo biomodificado com excelente desempenho, foram optimizadas diferentes condições de tratamento térmico. **A Fig.3-6** a mostra as curvas CV dos eléctrodos modificados com compósitos de N-CNTs sintetizados a diferentes temperaturas de tratamento térmico em PBS 0,5 M (pH 7,0) saturado com azoto. Pode ver-se na figura que a corrente de dupla camada eléctrica do compósito aumenta e depois diminui com o aumento da temperatura de tratamento térmico, indicando que a área electroactiva do material aumenta com o aumento da temperatura de tratamento térmico e que os N-CNTs-1200 atingem o valor máximo. **A Fig.3-6b** traça a relação entre a corrente de pico após a dedução da corrente de capacitância e a temperatura de tratamento térmico de acordo com a curva CV. Pode ver-se na figura que, à medida que a temperatura de tratamento térmico aumenta, a corrente de pico aumenta gradualmente. Os N-CNTs-1200 atingem o valor máximo, a temperatura de tratamento térmico continua a subir e a corrente de pico apresenta uma tendência descendente. Pode ver-se na figura que, com o aumento da temperatura de tratamento térmico, a corrente de pico aumenta gradualmente, indicando que o material compósito tem boa compatibilidade com o GOx. Para confirmar que a oxidação da glucose ocorreu durante o processo eletroquímico do GOx na superfície do elétrodo modificado, a curva CV foi testada colocando o GOx/ N-CNT-1200 /GCE em N_2 saturado 0,5 M PBS com 100 mM de glucose no seu eletrólito (**Fig.3-7a**). Na **Fig.3-7b**, o GOx/ N-CNT-1200 /GCE foi colocado em PBS 0,5 M saturado com oxigénio e azoto, respetivamente, e depois de funcionar durante 900 s, foi adicionada glucose 100 mM. A densidade de corrente aumentou significativamente no eletrólito saturado de oxigénio, demonstrando que a glucose era catalisada pelos eléctrodos, mas não se alterou no eletrólito saturado de nitrogénio. Para GOx/N-CNTs-1200/GCE, foram detectadas duas ondas de redução na ausência de glucose, possivelmente devido à redução de ORR e do centro ativo GOx (FAD → $FADH_2$). Quando se adicionou 100 mM de glucose ao eletrólito, a onda ORR desapareceu (**Fig.3-7c**), indicando que o GOx fixado aos N-CNTs-1200 manteve a sua atividade catalítica para a glucose na presença de O_2 . Para demonstrar ainda mais o desempenho da cascata catalítica do GOx/N-CNTs-1200/GCE na presença de glucose e O_2 , a tensão de circuito aberto do GOx/N-CNTs-1200/GCE foi testada a 0.5 M PBS, e observou-se obviamente que a tensão de circuito aberto diminuiu acentuadamente após a adição de 100 mM de glucose ao eletrólito (**Fig.3-7d**). **A Fig.3-8 a-d** mostra as curvas CV do elétrodo modificado com GOx/N-CNT-t e do elétrodo de controlo a 0,5 M de PBS. Pode ver-se na figura que, quando o GOx é fixado aos N-CNT-t, a curva CV de tipo retangular apresenta caraterísticas capacitivas típicas, o que se deve principalmente à capacitância de dupla camada do material N-CNT-t.

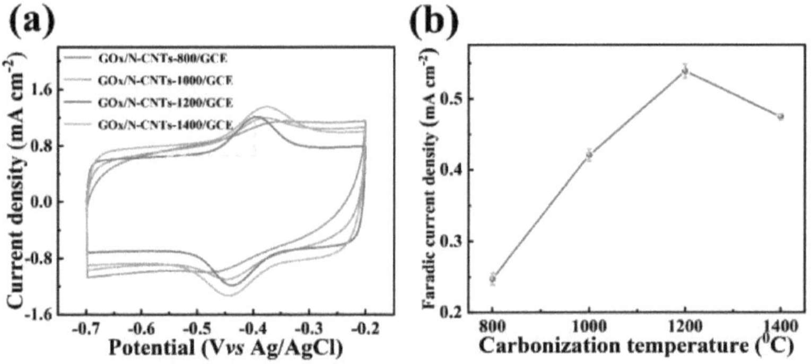

Fig.3-6. (a) Curvas CV de GOx/N-CNTs-t/GCE em PBS 0,5 M saturado com N_2 (pH = 7,0) a 10 mV s^{-1} .(b) A densidade de corrente farádica vs. temperatura de carbonização de N-CNTs-t.

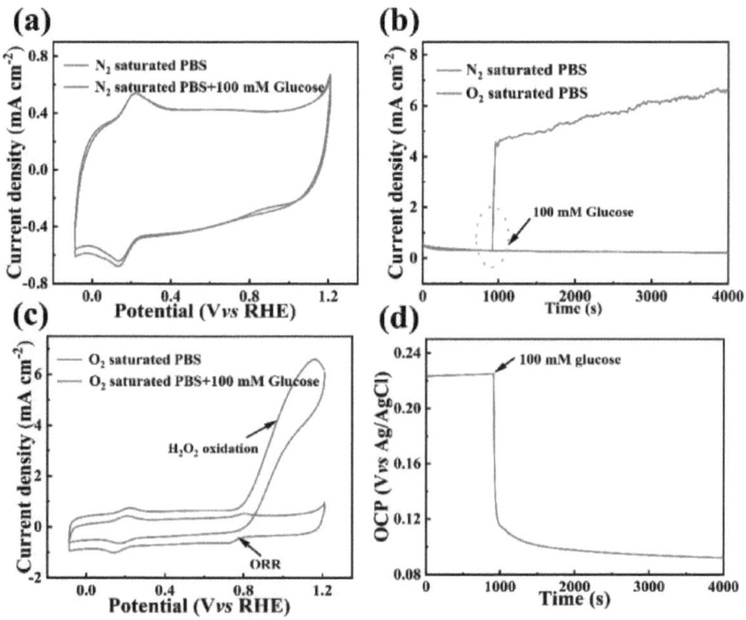

Fig. 3-7. (a) CVs de GOx/N-CNTs-1200/GCE na ausência (curva azul) e na presença (curva vermelha) de glucose 100 mM. Os voltamogramas foram registados em PBS 0,5 M saturado com N_2 a pH 7,0. (b) Curva i-t amperométrica da resposta do elétrodo modificado GOx/N-CNTs-1200/GCE a 100 mM de glucose em PBS 0,5 M saturado com O_2 e N_2 , respetivamente. (c) CVs de GOx/N-CNTs-1200/GCE na ausência (curva azul) e na presença (curva vermelha) de glucose 100 mM. Os voltamogramas foram registados em PBS 0,5 M saturado com O_2 a pH 7,0 a uma velocidade de varrimento de 10 mV s^{-1} . (d) Potencial de circuito aberto - tempo de resposta do elétrodo modificado GOx-PHPBCs/GCE a 100 mM de glucose em PBS 0,5 M saturado com O_2.

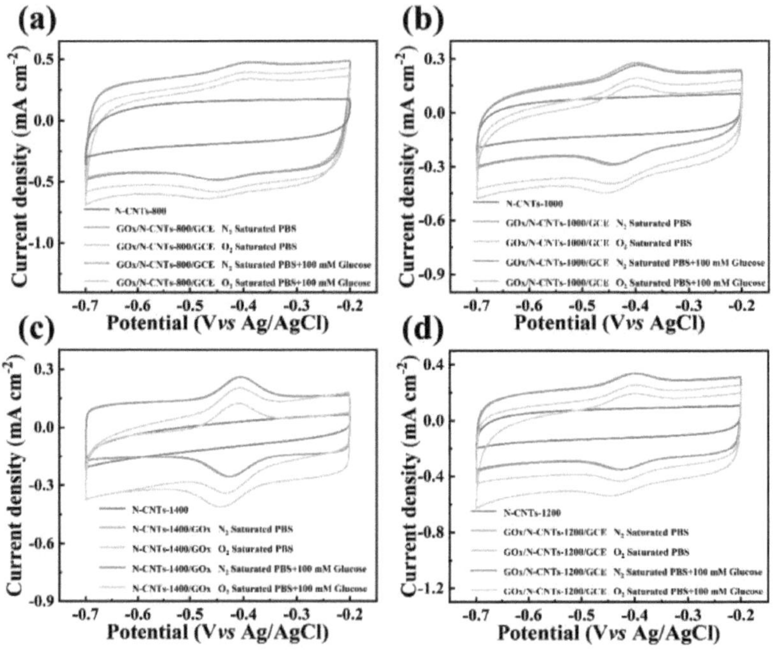

Fig.3-8. (a-d) Curvas CV de diferentes eléctrodos modificados e resposta à glucose em diferentes ambientes electrolíticos.

Para efeitos de comparação, a OER foi efectuada utilizando um ânodo de Pt simples nas mesmas condições de ensaio. De acordo com a curva de polarização apresentada na **Fig.3-9** a, a OER de um ânodo de Pt simples requer potenciais de ~1,99 V (vs. RHE) e ~2,13 V (vs. RHE) para fornecer densidades de corrente de 5 e 10 mA cm^{-2} . Em contraste, os bioanodos requerem apenas potenciais de ~1,20 V (vs. RHE) e ~1,46 V vs. RHE para atingir a mesma densidade de corrente, indicando uma cascata bioelectroquímica termodinamicamente mais favorável do que o OER convencional (**Fig. 3-9b**). A **Fig.3-10a** mostra as curvas de polarização dos ânodos biológicos a diferentes temperaturas, e pode ser visto que a cinética de reação dos N-CNT-1200 é maior O efeito da electrooxidação da glucose na contribuição atual dos N-CNTs-1200 foi estudado. Como se mostra na **Fig.3-10b**, em condições neutras, a oxidação eletroquímica da glucose catalisada diretamente nos N-CNTs-1200/GCE requer ainda um sobrepotencial elevado, comparável ao do elétrodo de Pt nu, confirmando que a corrente de oxidação produzida pelo bioanodo GOx/N-CNTs-1200/GCE provém principalmente da BCR. Foi estudado o efeito da concentração de glucose na corrente de oxidação. Quando a concentração de glucose aumenta de 0 para 400 mM, a densidade de corrente aumenta, a concentração de glucose aumenta ainda mais e o aumento da densidade de corrente é insignificante (**Fig. 3-11a**). Em comparação com o valor da corrente, o valor de 1,5 V (vs. RHE) está linearmente correlacionado com a concentração de glucose no intervalo de 0 a 200 mM (**Fig. 3-11b**). O H_2O_2 produzido pela oxidação da glucose catalisada pelo ânodo biológico GOx/N-CNTs-1200/GCE foi analisado quantitativamente por iodometria. A espetrofotometria ultravioleta-visível foi utilizada para detetar a mudança de cor após o aumento da concentração de glucose. Como se mostra na **Fig.3-9c**, com o aumento da concentração de glucose de 10 para 500 mM, a intensidade de absorção a 350 nm aumentou significativamente, indicando que a quantidade de H_2O_2 produzida pela reação enzimática tinha uma certa correlação positiva com a concentração de glucose. Além disso, os electrólitos após a reação catalítica foram caracterizados por FTIR e ^{13}C NMR. Como se mostra na **Fig.3-9d**, o pico de adsorção aparece no número de onda de 1707 cm^{-1} correspondente à vibração de estiramento de C=O no grupo carboxilo, confirmando a formação de ácido glucónico após a hidrólise enzimática. **A Fig.3-9e** mostra os espectros de RMN de ^{13}C da glucose padrão, do ácido glucónico e do eletrólito antes e depois da reação enzimática. A presença de ácido glucónico no eletrólito após a reação pode ser verificada por um pico específico de deslocamento químico de 178,5 ppm. Estes resultados confirmam que a BCR pode substituir a OER tradicional para obter produtos de elevado valor acrescentado em condições de baixo potencial. O mecanismo de toda a energia catalítica em cascata biológica consiste no facto de a flavina adenina dinucleótido (FAD), o grupo ativo da glucose oxidase, ser reduzida a flavina adenina dinucleótido transmissor de hidrogénio ($FADH_2$), a glucose ser oxidada a ácido glucónico e o O_2 ser reduzido a peróxido de hidrogénio como agente oxidante. No processo de oxidação do peróxido de hidrogénio, dois electrões são transferidos diretamente para o elétrodo de trabalho. É gerada uma resposta de corrente no elétrodo **(Fig.3-9f)**.

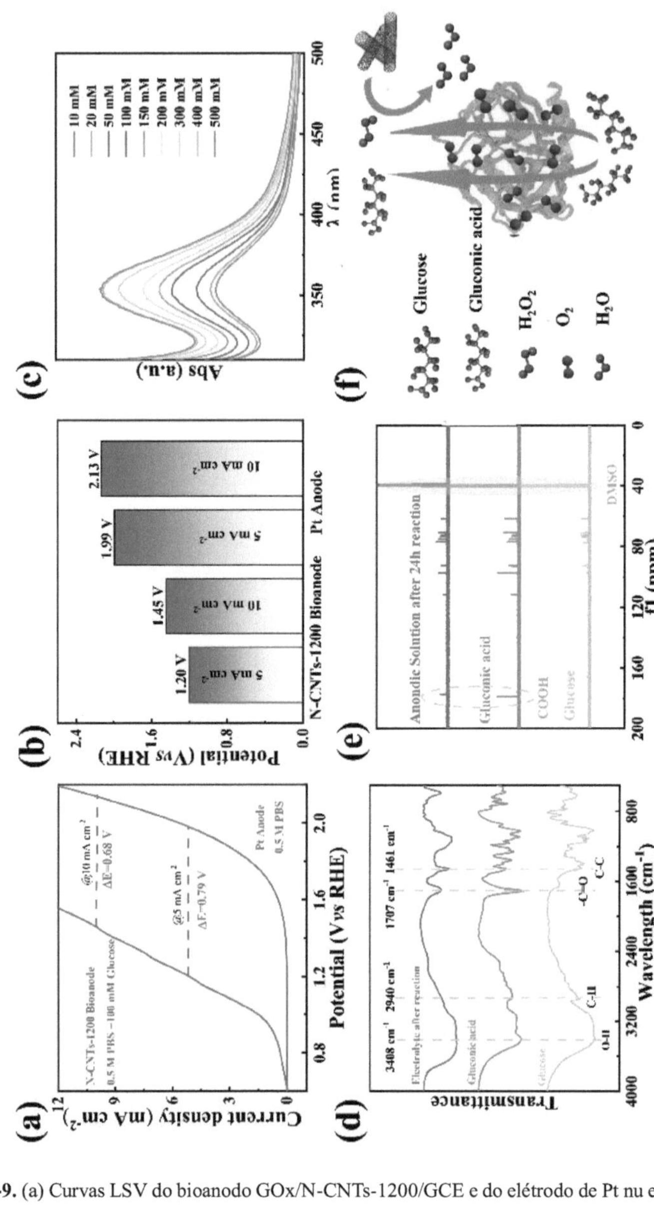

Fig.3-9. (a) Curvas LSV do bioanodo GOx/N-CNTs-1200/GCE e do elétrodo de Pt nu em PBS 0,5 M na ausência e na presença de glucose 100 mM. (b) Comparação do potencial de oxidação necessário para atingir diferentes densidades de corrente dos eléctrodos do bioanodo e do ânodo de Pt. (c) Espectros de absorção UV-Vis de H O_{22} a diferentes concentrações de glucose utilizando

o bioanodo GOx/N-CNTs-1200/GCE. (c) Espectros de absorção UV-Vis de H O_{22} a diferentes concentrações de glucose utilizando o bioanodo GOx/N-CNTs-1200/GCE. (d) Espectros FTIR da glucose, do ácido glucónico e do eletrólito antes e depois da eletrólise. (e)^{13} C NMR spectra of glucose, gluconic acid, and the electrolyte before and after electrolysis. (e)^{13} C Espectros de RMN da glucose, do ácido glucónico e do eletrólito antes e depois da eletrólise. (f) Diagrama esquemático da bioelectroquímica catalítica.

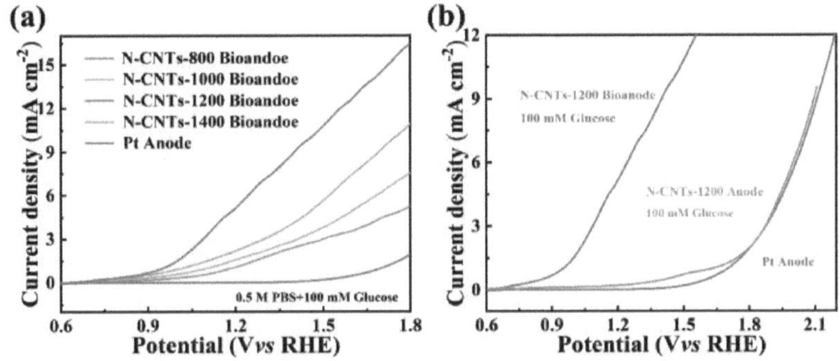

Fig.3-10. (a) Curvas LSV do bioanodo GOx/N-CNTs-t/GCE e do elétrodo de Pt nu em PBS 0,5 M na ausência e na presença de glucose 100 mM. (b) Curvas de polarização do bioânodo trifásico em PBS com 100 mmol/L de glucose (curva vermelha); do ânodo de N-CNTs-1200 em solução de PBS com 100 mmol/L de glucose (curva roxa) e do ânodo de Pt em solução de PBS em branco (curva preta).

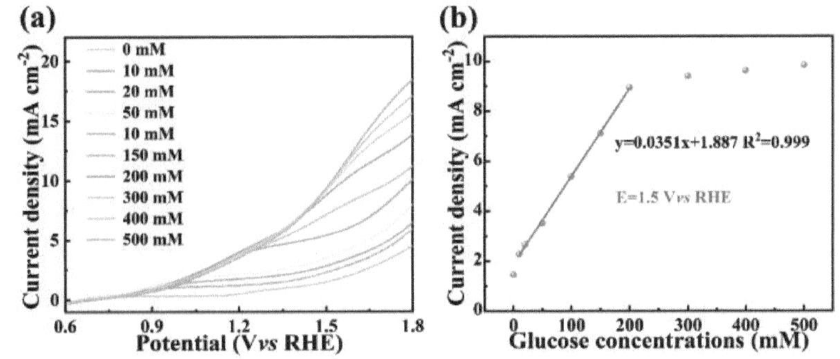

Fig.3-11. (a) Perfis LSV da oxidação da glucose com diferentes concentrações. (b) as curvas de calibração das concentrações de glucose com as densidades de corrente no potencial de 1,5 V.

Finalmente, foi construída uma célula electrolítica acoplando o bioanodo GOx/N-CNTs-1200/CP para a BCR e o cátodo de Pt para a HER. Como se mostra na **Fig.3-12** a, a glucose é oxidada pelo GOx para produzir ácido glucónico, enquanto o O_2 é reduzido para produzir H O_{22} . Como já foi referido, a oxidação electrocatalítica de H O_{22} em N-CNTs-1200 é termodinâmica e cineticamente mais favorável do que a OER. Assim, a EHP pode ocorrer a baixas tensões quando associada a um cátodo eficiente de evolução do hidrogénio. **A Fig.3-12b** mostra a curva de polarização da célula electrolítica montada. A célula baseada no ânodo de N-CNTs-1200 apresentou uma tensão inicial elevada de cerca de 1,30 V. Numa célula BCR contendo 500 mM de glucose, a tensão inicial caiu para 0,72 V, indicando que a eficiência de conversão de energia era superior à da decomposição convencional da água em condições neutras. A estabilidade do eletrolisador baseado em BCR foi ainda avaliada. **A Fig.3-12c** mostra a curva tempo-temperatura do eletrolisador baseado em BCR a uma tensão constante de 1,23 V. A densidade de corrente diminui rapidamente nas primeiras 2 horas, o que se deve principalmente à lenta transferência de massa da glucose. A densidade de corrente estabilizou gradualmente após 6 horas e manteve-se em 3,02 mA cm^{-2} após 24 horas, indicando que a estabilidade do sistema de bateria electrolítica baseado em BCR era boa. Para além da aplicação em EHP, a BCR foi também utilizada no fabrico de ZABs inovadoras. Para demonstrar a potencial aplicação da BCR em baterias metal-ar, montámos ZABs recarregáveis com cátodos GOx/N-CNTs-1200/CP e ânodos de folha de Zn (**Fig.3-12d**). Pode ver-se na curva LSV da bateria (**Fig. 3-12e**) que a tensão necessária para a BCR-ZAB e a N-CNTs-1200/CP-ZAB é de 1,48 V e 2,46 V, respetivamente, para fornecer a densidade de corrente de 10 mA cm^{-2} , indicando que a eficiência energética da BCR-ZAB é melhorada. **A Fig.3-12f** mostra a curva de polarização do cátodo e a densidade de potência do BCR-ZAB e do N-CNTs-1200/CP-ZAB. A tensão de descarga e a densidade de potência de pico da BCR-ZAB (6,79 mW-cm^{-2}) foram significativamente maiores do que as da N-CNTs-1200/CP-ZAB (3,82 mW-cm^{-2}). **A Fig.3-12g** descreve as distribuições de tensão de carga e descarga da BCR-ZAB e da ZAB baseada em N-CNTs-1200/CP em diferentes densidades de corrente. Com a mesma densidade de corrente, a BCR-ZAB tem uma tensão de carga mais baixa e uma tensão de descarga mais alta do que a N-CNTs-1200/CP-ZAB, o que indica que a BCR-ZAB tem um excelente desempenho de taxa. Além disso, a BCR-ZAB tem um excelente desempenho cíclico, com uma diferença de tensão de carga-descarga de cerca de 214 mV ao longo de 200 h a 0,1 mA cm^{-2} (**Fig.3-12h**). Em contraste, a diferença de tensão de carga-descarga de N-CNTs-1200/CP-ZAB é de cerca de 643 mV em 150 h, indicando que tem uma grande polarização de tensão. Os resultados mostram claramente a aplicação prática da BCR no domínio das baterias metal-ar.

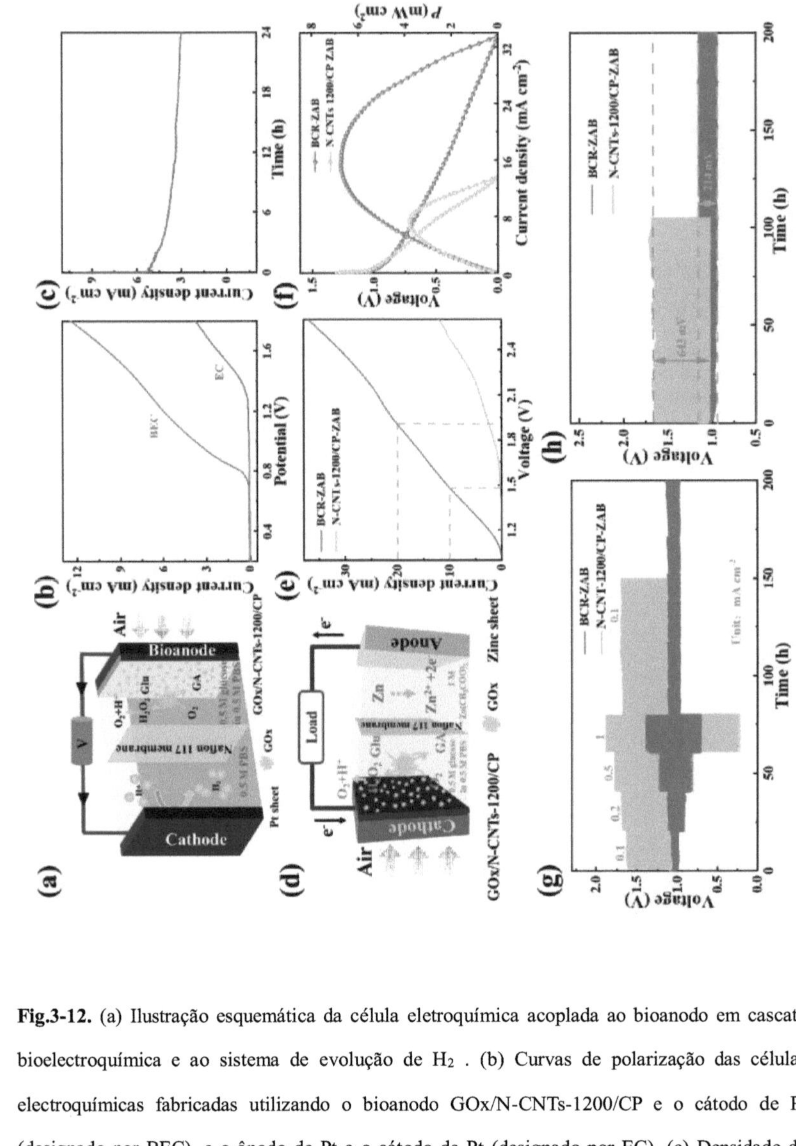

Fig.3-12. (a) Ilustração esquemática da célula eletroquímica acoplada ao bioanodo em cascata bioelectroquímica e ao sistema de evolução de H_2 . (b) Curvas de polarização das células electroquímicas fabricadas utilizando o bioanodo GOx/N-CNTs-1200/CP e o cátodo de Pt (designado por BEC), e o ânodo de Pt e o cátodo de Pt (designado por EC). (c) Densidade de corrente em função do tempo para a célula eletroquímica utilizando o bioanodo GOx/N-CNTs-1200/CP e o cátodo de Pt a 1,23 V. (b) Diagrama esquemático das ZABs baseadas em BCR. (e) Curvas de polarização anódica das ZABs a 5 mV s^{-1} . (f) Curvas de polarização catódica e de

potência de saída das ZABs. (g) Perfis de tensão de carga/descarga das ZABs convencionais e baseadas em BCR a diferentes densidades de corrente. (h) Desempenho cíclico das ZABs convencionais e baseadas em BCR a 0,1 mA cm . $^{-2}$

3.4 Conclusão

Em resumo, a estrutura de rede reticulada de nanotubos de carbono de bambu dopados com azoto (N-CNTs) foi preparada por indução in situ de auto-template. A glucose oxidase (GOx) foi ancorada em N-CNTs-1200 para preparar um catalisador bifuncional de elevada eficiência. Por outro lado, a estrutura oca em forma de bambu dos N-CNTs-1200 não só estabilizou os centros activos da enzima como também aumentou a condutividade. O catalisador bifuncional foi utilizado para catalisar uma reação em cascata bioelectroquímica (BCR), em que a GOx foi utilizada para catalisar a oxidação da glucose e os N-CNTs-1200 foram utilizados para catalisar in situ a oxidação H O_{22} em solução neutra. Como resultado, o inovador sistema eletrolítico baseado em BCR ocorreu com uma tensão inicial tão baixa como 0,72 V. O ZAB recarregável baseado em BCR mostrou uma estabilidade de ciclo a longo prazo superior a 200 h a 0,1 mA cm^{-2} . A bateria de zinco-ar melhorada com GOx tem uma janela de tensão de carga-descarga reduzida, e a bateria também apresenta uma excelente estabilidade. Este estudo não só alarga a aplicação de enzimas biológicas, como também abre um novo capítulo na promoção de sistemas de armazenamento de energia metal-ar através de vias biológicas.

Capítulo 4: Construção do sistema catalítico em cascata GOx-N-CNTs-TEMPO e desempenho das baterias de Zn-ar

As baterias de zinco-ar (ZAB) são um dos candidatos promissores da futura tecnologia de armazenamento de energia. Infelizmente, a lenta OER resulta numa baixa eficiência global de conversão de energia. A reação de oxidação da glicose (GOR) é termodinâmica e cineticamente mais favorável do que a OER. Neste artigo, apresentamos um sistema em cascata enzimático-orgânico (HEOC) composto por glucose oxidase (GOx) e N-CNTs-TEMPO para substituir a OER em aplicações recarregáveis de ZABs. O TEMPO e os seus derivados são instáveis devido à desproporção conhecida e à possível degradação dos radicais nitróxidos. Neste estudo, o pireno-TEMPO é enxertado em N-CNTs para melhorar o desempenho catalítico e a estabilidade. Por fim, a ZAB montada apresenta um desempenho ciclístico notável com um pequeno intervalo de tensão de carga/descarga de ~ 438 mV a 0,1 mA cm^{-2} e estabilizado ao longo de 200 h. A funcionalidade excecional das ZABs pode ser atribuída a duas razões principais: ¯Em primeiro lugar, o sistema de reação em cascata catalisa a reação de oxidação profunda da glucose, que pode reduzir significativamente a tensão de carregamento das ZABs e melhorar a eficiência da conversão de energia da bateria. Em segundo lugar, os N-CNTs são altamente porosos e grafitados, o que promove o transporte de massa e a condutividade eléctrica e melhora a estabilidade dos catalisadores. O projeto fornece apoio teórico e técnico para a aplicação de ZABs.

4.1 Introdução

O problema da escassez de energia, das alterações climáticas e da poluição ambiental exige o desenvolvimento de energia verde e sustentável e de dispositivos de armazenamento e conversão de energia[158-160] . As baterias recarregáveis de Zn-ar (ZABs) são um dos candidatos promissores da futura tecnologia de armazenamento e conversão de energia, devido às suas vantagens de elevada densidade energética teórica, alta segurança, baixo custo e respeito pelo ambiente[161,162] . A reação de evolução do O_2 (OER) é a semi-reação importante das ZABs. Infelizmente, a lenta OER resulta sempre numa baixa eficiência global de conversão de energia e no produto

O_2 , que não tem valor significativo[163,164] . Além disso, o elevado consumo de eletricidade e a lenta taxa de reação limitam a sua aplicação generalizada . [165,166] Relatórios recentes indicam que podem ser introduzidas várias reacções de oxidação para substituir a OER, que são mais favoráveis do ponto de vista termodinâmico e económico do que a OER . [167-169]

Tendo em conta as questões acima referidas, uma estratégia alternativa consiste em introduzir uma electrooxidação selectiva da biomassa para substituir a REO. A reação de oxidação da biomassa com pequenas moléculas (BOR) para substituir o OER é uma estratégia inteligente[170-172] , que é termodinamicamente favorável e economicamente mais atractiva[173-175] . A glucose é uma das biomassas mais abundantes na natureza, sendo renovável, segura, não tóxica, pouco dispendiosa e com uma densidade energética relativamente elevada[176] . A glicose pode ser convertida em vários produtos oxidativos, como o ácido glucónico (GNA) e o ácido glucárico (GRA)[177,178] . O GRA é conhecido como um ″composto de grande valor acrescentado″ produzido a partir da biomassa, porque é um intermediário importante nas indústrias alimentar, médica, química e têxtil[179-183] . A reação de oxidação da glucose (GOR) pode produzir produtos químicos finos de valor acrescentado GRA e reduzir eficazmente a tensão de carga dos ZABs[184] . Embora os electrocatalisadores à base de metais nobres tenham sido intensamente investigados na oxidação da glucose. No entanto, a sua escassez, custo elevado e baixa durabilidade incentivam os investigadores a explorar catalisadores alternativos abundantes e acessíveis . [185,186] Foram utilizadas muitas estratégias para ultrapassar estas limitações. A conversão enzimática da glucose catalisada pelo GOx passa pela oxidação de 2 electrões do grupo aldeído da glucose para um grupo carboxilo[187,188] . Num sistema catalítico enzimático único, só há transferência de $2e^-$ durante o processo de oxidação, o que reserva a maior parte da energia para os produtos de oxidação da glucose[189] . Recentemente, foram introduzidas cascatas híbridas de catalisadores orgânicos e enzimas que podem melhorar a eficiência do processo em condições moderadas[190,191] . Os radicais nitróxidos, tais como o 2,2,6,6-tetrametilpiperidil-1-oxi (TEMPO) e os seus derivados, são importantes catalisadores de oxidação orgânica para a oxidação de uma vasta gama de álcoois e aldeídos à temperatura ambiente e em condições aquosas moderadas em aplicações industriais e laboratoriais[192,193] . Ibert referiu que a electro-oxidação da glucose mediada por TEMPO permitia obter GRA com um rendimento de 85%, em comparação com menos de 40% na oxidação eletroquímica da glucose[194,195] . Os nossos estudos anteriores sugerem que o TEMPO serve de mediador para estabelecer a comunicação eléctrica entre o GOx e a superfície do elétrodo e, simultaneamente, funciona como electrocatalisador para catalisar a oxidação profunda da glicose $4e^-$, pelo que a eficiência energética desta catálise em cascata é significativamente melhorada[196] . Embora o sistema catalítico TEMPO tenha como vantagens condições de reação suaves, facilidade de operação, boa seletividade e elevada taxa de conversão, o TEMPO e os seus derivados foram considerados instáveis devido a uma reação de desproporção que pode levar à potencial degradação dos radicais nitróxidos[197,198] . Além disso, o TEMPO é dispendioso e difícil de reciclar em sistemas catalíticos homogéneos, porque o seu ponto de ebulição é próximo do dos aldeídos e cetonas e, por vezes, até azeotrópico com os produtos .[199]

Por conseguinte, o TEMPO e os seus derivados são frequentemente suportados para aumentar a sua estabilidade e reciclabilidade. Tem sido dada muita atenção à imobilização da TEMPO em vários suportes sólidos. Os suportes mais comuns são os polímeros orgânicos[200,201] , os crivos moleculares[202] e os materiais à base de carbono[203-205] etc.. A combinação das propriedades da TEMPO com as dos suportes adequados pode conduzir a materiais interessantes, cuja função pode ser transformada em objectivos específicos. Com base nestas considerações, seria interessante construir catalisadores à base de carbono com uma estrutura de carbono estável e altamente condutora para o transporte de electrões, combinada com radicais nitróxidos abundantes para a catálise da biomassa.

Neste trabalho, foi utilizado um material à base de carbono dopado com N (N-CNTs) como transportador de TEMPO. Além disso, os N-CNTs foram utilizados como cátodo de ar para melhorar a cinética da ORR, uma vez que um grande número de trabalhos provou que os materiais de carbono dopados com N têm um desempenho superior na ORR . [206,207]

A combinação original de grupos TEMPO e pireno na mesma molécula e a sua ancoragem bem sucedida em N-CNTs por interações de empilhamento p-p, que foi rotulada como N-CNTs-TEMPO na discussão seguinte. O conceito de bateria de glucose-Zn-ar foi proposto com base na estratégia inovadora de substituição do OER pelo GOR. Descrevemos um novo e eficaz sistema híbrido enzimático e orgânico em cascata (HEOC) constituído por glucose oxidase (GOx) e derivados de TEMPO para a oxidação profunda da glucose[208-210] . Consequentemente, a bateria de glucose-Zn-ar construída fornece uma densidade de potência máxima de 6,45 mW-cm^{-2} , com uma pequena diferença de tensão de carga/descarga de ~ 438 mV a 0,1 mA-cm^{-2} . Em comparação com a bateria tradicional de Zn-ar, a bateria glucose-Zn-ar não só tem uma tensão de carga mais baixa como também não liberta gases explosivos (H /O$_{22}$) durante o processo de carga. A estratégia proposta pode ser utilizada para fabricar um novo sistema de conversão de energia com elevada eficiência para uma vasta gama de substratos, como o açúcar e o álcool.

4.2 Secção experimental

4.2.1 Síntese de N-CNTs-TEMPO

1-pirenebutírico (864 mg, 3 mmol) , 4-AMINO-TEMPO (513 mg, 3 mmol) e 60 mL CH_2 Cl_2 foi agitado durante 30 min para formar uma dispersão homogénea. Posteriormente, DCC (879 mg, 3 mmol) e 4-DMAP (36,6 mg, 0,3 mmol) foram adicionados na solução homogénea acima e depois agitados sob N_2 durante 20 h a r temperatura ambiente. Todo o processo de reação foi realizado sob proteção de azoto e agitação mecânica. O solvente foi evaporado sob pressão reduzida, e o produto resultante foi recolhido e purificado por cromatografia em coluna sob vácuo para obter pireno-TEMPO.

Os nanotubos de carbono dopados com N (N-CNTs) foram preparados pelo procedimento relatado anteriormente. Em seguida, pireno-TEMPO, N-CNTs e 30 mL de N-Metil pirrolidona (NMP) foram sonicados durante 4 h para formar uma dispersão homogénea. Após a reação, o pireno-TEMPO foi totalmente difundido na cavidade do N-CNT. Após imersão por 4 h, o produto sólido foi lavado com acetona anidra em ciclos repetidos e depois seco a 50 °C por 12 h em um forno a vácuo para obter o produto alvo de N-CNTs-TEMPO.

4.2.2 Preparação do elétrodo de trabalho

O elétrodo de carbono vítreo modificado com GOx/N-CNTs-TEMPO- e N-CNTs-TEMPO (GCE, 3 mm de diâmetro) foi utilizado como elétrodo de trabalho. O GCE foi sucessivamente polido em pasta de Al O_{23} (1,0 μm e 0,05 μm) e lavado por ultra-sons com etanol e água desionizada sucessivamente. Após secagem, 5 μL de uma suspensão de 5 mg de N-CNTs-TEMPO em 1 mL de DMF foram depositados na superfície do GCE pré-tratado. Na superfície do ECG modificado com N-CNTs-TEMPO, foram espalhados 5 μL de GOx. Os eléctrodos modificados foram armazenados por um período de 6 h num frigorífico a 4°C. Ao GCE modificado com GOx / N-CNTs-TEMPO, foram adicionados 3 μL de solução de Nafion (1%) e os eletrodos foram colocados em uma geladeira a 4 °C por 2 h. Após a secagem, o GCE modificado com GOx / N-CNTs-TEMPO estava pronto para uso. O GOx / N-CNTs-TEMPO / GCE foi usado para avaliar a atividade catalítica em relação à glicose. Para efeitos de comparação, o N-CNTs-TEMPO/GCE foi preparado seguindo o procedimento semelhante ao GOx/N-CNTs-TEMPO/GCE, mas sem a adição de GOx.

4.2.3 Experiências electroquímicas

Foi utilizado um sistema convencional de três eléctrodos constituído por eléctrodos de trabalho baseados em GCE, um elétrodo de referência Ag/AgCl (KCl saturado) e um contra elétrodo de Pt. A voltametria cíclica (CV), a voltametria de varrimento linear (LSV) e a espetroscopia de impedância eletroquímica (EIS) foram realizadas num instrumento eletroquímico CHI760E. Foi utilizada uma solução tampão de fosfato 0,5 M (PBS, pH 7,0) como eletrólito de suporte. O potencial testado vs. Ag/AgCl foi convertido num RHE de acordo com a equação: $E_{RHE} = E_{Ag/AgCl} + 0{,}059 \times pH + 0{,}199$.

4.2.4 Montagem e ensaio de ZABs

Para o fabrico de ZABs baseadas em HEOC (designadas por HEOC-ZAB), o CP GOx/N-CNTs-TEMPO-funcionalizado (1,13 cm^2) foi utilizado como cátodo de respiração de ar. Resumidamente, 80 μL de suspensão de N-CNTs-TEMPO (10 mg-mL^{-1}) foram moldados no CP. Após a secagem, 80 μL de solução de GOx (30 mg-mL^{-}

[1]) foram depositados no CP funcionalizado com N-CNTs-TEMPO. Após a secagem, 48 μL de solução de Nafion (5 ‰) foram espalhados na superfície do elétrodo. A carga de N-CNTs-TEMPO e GOx foi de cerca de 0,71 e 2,12 mg-cm^{-2} , respetivamente. Uma folha de Zn polida serviu de ânodo, 0,5 M de PBS (pH 7,0) na presença de 500 mM de glucose foi utilizado como anólito e 1 M de acetato de zinco foi utilizado como católito. Para efeitos de comparação, as ZAB convencionais foram montadas utilizando um cátodo de CP modificado com N-CNTs-TEMPO e um ânodo de folha de Zn polido (designado por N-CNTs-TEMPO/CP-ZAB). As duas câmaras foram separadas por uma membrana de Nafion 117. As medições de carga/descarga das ZABs foram efectuadas num aparelho de teste de baterias multicanal (Land CT2001A) a 0,1 mA-cm^{-2} . As curvas de polarização das ZAB foram registadas num instrumento eletroquímico CHI760E utilizando LSV a 5,0 mV-s . $^{-1}$

4.2.5 Caracterização dos materiais

A reflexão no infravermelho por transformada de Fourier (FTIR) foi efectuada com um Spectrum 100 FT-IR (Perkin Elmer). A difração de raios X (XRD) foi realizada num difratómetro de raios X PANalytical X' pert Pro para investigar a estrutura cristalográfica dos materiais de carbono. A espetroscopia Raman foi efectuada num instrumento WITec CRM200 com um laser de 532 nm. As caraterísticas microscópicas dos produtos foram caracterizadas por um microscópio eletrónico de varrimento de emissão fixa (SEM, Sigma 300). A análise por microscopia eletrónica de transmissão (TEM) foi realizada num microscópio JEM-2100F com uma tensão acelerada de 200 kV. A análise por espetroscopia de fotoelectrões de raios X (XPS) foi realizada num Thermo Scientiffc Escalab 250 equipado com uma fonte de raios X Al Kα. As isotermas de adsorção-dessorção de N_2 foram medidas a 77 K no sistema ASAP 2010 Analyzer.

4.3. Resultados e discussão

4.3.1. Processo de preparação e estrutura c haracterização

O pireno-TEMPO foi sintetizado por acoplamento amida do 1-pireno-butírico disponível no mercado com o 4-AMINO-TEMPO. As estruturas químicas do produto final pireno-TEMPO foram caracterizadas por infravermelho com transformada de Fourier (FT-IR) (Fig.4-1a) e[1] H NMR (Fig.4-1b). A Fig.4-1a mostra os espectros de infravermelhos com transformada de Fourier (FT-IR) de 1-pireno-butírico, 4-AMINO-TEMPO, pireno-TEMPO. Espectros FT-IR do 1-pireno-butírico e do 4-AMINO-TEMPO para comparação. O 1-pireno-butírico apresenta os picos de absorção caraterísticos a ~1688 cm^{-1} , correspondentes ao C=O do grupo carboxilo. Os picos de absorção também foram observados a 1688 cm^{-1} no espetro FT-IR do pireno-TEMPO, o que evidencia a existência do grupo carboxilo no pireno-TEMPO. Além disso, o espetro de FT-IR do pireno-TEMPO exibiu algumas bandas de absorção diferentes das do 1-pireno-butírico. Em particular, os picos de absorção correspondentes às vibrações de estiramento do -CONH- foram observados nos espectros do pireno-TEMPO a 3308 e 1750 cm^{-1} . Os picos de absorção a 1297 e 1538 cm^{-1} estavam de acordo com a vibração de estiramento da ligação éter entre os anéis de pireno. Os picos caraterísticos acima referidos indicam que a síntese do pireno-TEMPO foi bem sucedida. A Fig. 4-1b mostra o estado sólido[1] H NMR do pireno-TEMPO, no qual os picos de desvio químico específico a 12,1 ppm correspondem ao C=O no grupo carboxilo do 1-pireno-butírico desapareceu. Entretanto, o desvio químico gerado por -CONH- apareceu a 2,8 ppm. Os resultados indicaram a síntese bem sucedida do pireno-TEMPO.

A espetroscopia de ressonância de spin de electrões (EPR) foi utilizada para caraterizar o radical central N-O$^{\cdot}$ do pireno-TEMPO. Como mostrado na Fig.4-2a, um sinal singleto com valor g de 2,002 pode ser claramente observado. O amplo espetro EPR não caracterizado de pireno-TEMPO é atribuído principalmente ao grande número de electrões desemparelhados no polímero, o que leva a interações spin-spin entre os electrões desemparelhados localmente embalados. O XPS é uma ferramenta poderosa para identificar os estados dos elementos em materiais compósitos[211] . Através da análise dos valores de energia de ligação, podemos confirmar a natureza da ligação entre o carbono, o oxigénio e o azoto. Como se mostra na Fig.4-2b, os picos caraterísticos de C 1s, O 1s e N 1s são evidentes no pireno-TEMPO. As concentrações atómicas de C, O e N no pireno-TEMPO são de 86,25%, 6,17% e 7,58%, respetivamente. A Fig. 4-2 c mostra o espetro C1s do pireno-TEMPO, que é dissociado para C-C (284,8) eV, C-OH (285,9 eV) e C-O-C (287,1 eV), respetivamente. Os espectros XPS do N1s são apresentados na Fig.4-2d, os dois picos a 401,34 eV e 399,95 eV são atribuídos ao átomo de azoto livre do óxido de azoto e ao átomo de azoto da amina, respetivamente. Também demonstrou a existência de um radical central N-O e de uma ligação amida.

A morfologia dos N-CNTs-TEMPO foi caracterizada por microscopia eletrónica de varrimento (Fig. 4- 3). Os N-CNTs obtidos apresentam uma morfologia típica de nanotubos com diâmetros que variam entre 180 e 200 nm (Fig. 4-3a,b). Os diferentes diâmetros destes nanotubos são principalmente atribuídos à formação de diferentes tamanhos de partículas de Co durante a decomposição de Co(NO)33 , que catalisa o crescimento de nanotubos de carbono com diferentes diâmetros. Fig.4-3c,d são os diagramas SEM de N-CNTs-TEMPO. O pireno-TEMPO foi uniformemente ancorado nos N-CNTs por interação de empilhamento p-p, o que também proporcionou um caminho eficiente de condução de electrões. O nanotubo oco em forma de bambu formou uma estrutura de elétrodo orgânico estável. Além disso, os N-CNTs ligaram de forma não covalente grandes quantidades de pireno-TEMPO devido à sua grande superfície com um espaço oco no centro. Os resultados da medição SEM para N-CNTs-TEMPO confirmam ainda que o pireno-TEMPO cresceu em torno de N-CNT com dispersão uniforme pela reação in-situ. Após a coordenação do pireno-TEMPO, a morfologia da série de N-CNT não sofreu alterações aparentes, como confirmado pelo SEM.

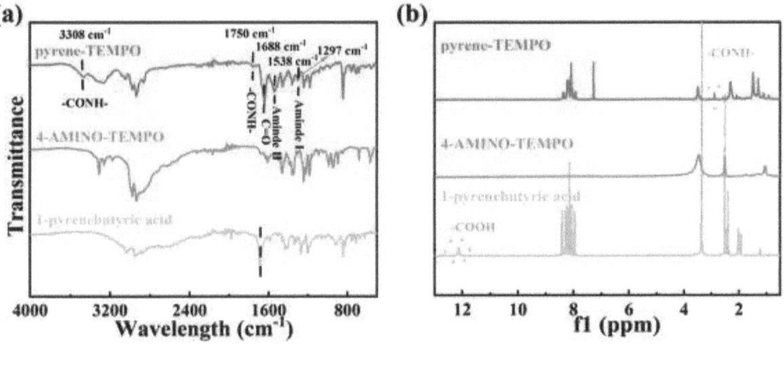

Fig. 4-1 (a) espectros FT-IR e (b)[1] H espetro de ressonância magnética nuclear de 1-pireno-butírico, 4-AMINO-TEMPO e pireno-TEMPO

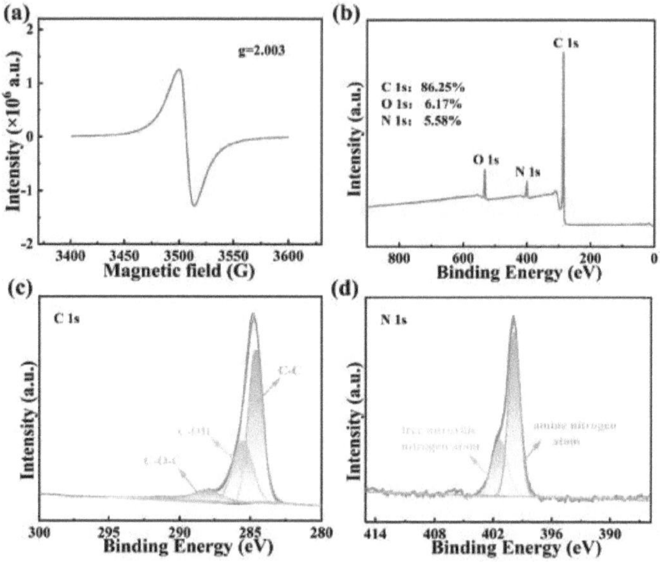

Fig. 4-2 (a) Espectros EPR do pireno-TEMPO e (b-d) espectros de varrimento XPS de C 1s e N 1s do pireno-TEMPO.

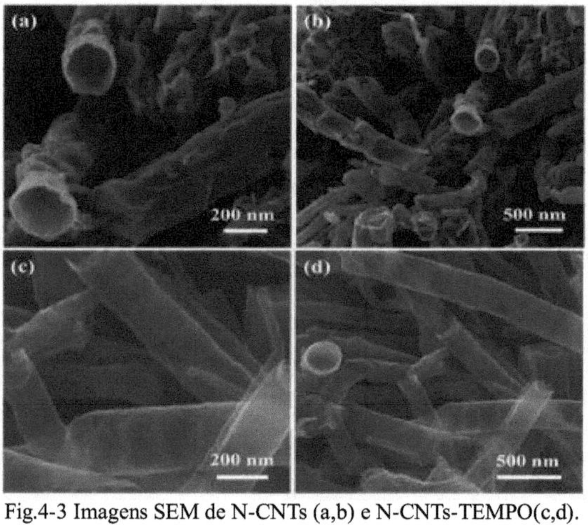

Fig.4-3 Imagens SEM de N-CNTs (a,b) e N-CNTs-TEMPO(c,d).

4.3.2. Desempenho eletroquímico do bioanodo em cascata

O CV foi efectuado para avaliar o H O_{22} e a capacidade catalítica de oxidação da glucose dos bioanodos como fabricados com diferentes proporções de N-CNTs e pireno-TEMPO. A Fig.4-4 mostra o CV do GOx/N-CNTs-TEMPO/GCE com diferentes proporções de N-CNTs e pireno-TEMPO. São detectados picos de corrente de oxidação proeminentes na ausência de glucose e de H O_{22} , o que pode ser atribuído à ORR e à redox do par TEMPO/TEMPO^{+} . Quando se adiciona 100 mM de glucose, regista-se um aumento evidente da corrente de oxidação a cerca de 1,0 V (vs. R.). 1,0 V (vs. RHE), provavelmente devido à oxidação eletroquímica do H O_{22} gerado na reação enzimática. Curiosamente, o GOx/N-CNTs-TEMPO$_{1:2}$ /GCE apresenta uma corrente catalítica mais elevada do que os diferentes rácios de GOx/N-CNTs-TEMPO/GCE. A fim de avaliar a capacidade catalítica dos bioanodos fabricados para diferentes substratos, foi também realizada uma CV para avaliar a capacidade catalítica da glicose, do ácido glucónico e do ácido glucurónico do GOx/N-CNTs-TEMPO$_{1:2}$ /GCE (Fig. 4-5) em condições neutras. O potencial de oxidação inicial do ácido glucónico e glucurónico na superfície de N-CNTs-TEMPO$_{1:2}$ foi de ~1,27 V e ~1,35 V (vs RHE). Os potenciais de início da oxidação foram ~160 mV e 80 mV inferiores aos da glucose a ~1,43 V, respetivamente. Além disso, após a adição de 100 mM de ácido glucónico ou ácido glucurónico, a corrente de oxidação é superior à da glucose, indicando que o GOx/N-CNTs-TEMPO é capaz de catalisar profundamente a oxidação da glucose e do ácido glucárico. A adição de 10 mM de H O_{22} no eletrólito resulta num aumento significativo da corrente de oxidação, provavelmente devido à oxidação eletroquímica de H O_{22} . O H O_{22} pode ser oxidado a um potencial elevado, o que dá origem a um aumento da corrente de oxidação. Por conseguinte, a substituição de OER por GOR mediada por GOx/N-CNTs-TEMPO seria praticável em ZABs aquosas recarregáveis. Como se mostra na Fig.4-4b, o GOx/N-CNTs-TEMPO$_{1:2}$ /GCE apresenta uma corrente catalítica de oxidação da glucose e do H O_{22} mais elevada do que as diferentes proporções de GOx/N-CNTs-TEMPO/GCE. Enquanto o GOx/N-CNTs-TEMPO/GCE apresenta uma corrente baixa com o aumento do pireno-TEMPO, o que pode dever-se ao facto de a cavidade dos nanotubos de N-CNTs-TEMPO ter sido preenchida com pireno-TEMPO, afectando a carga enzimática e o efeito catalítico.

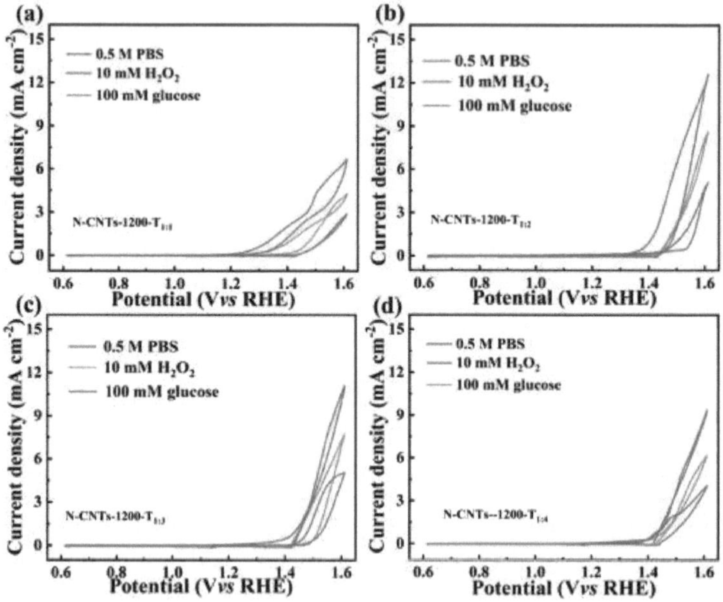

Fig. 4-4 Curvas CV de N-CNTs-TEMPO/GCE com diferentes proporções de N-CNTs e pireno-TEMPO em N_2 -saturado 0,5 M PBS (pH 7.0) a 50 mV s^{-1} , em O_2 -saturado 0,5 M PBS (pH 7,0) com H O_{22} a 10 mV s^{-1} e em O_2 -saturado 0,5 M PBS (pH 7,0) com glucose a 10 mV s . $^{-1}$

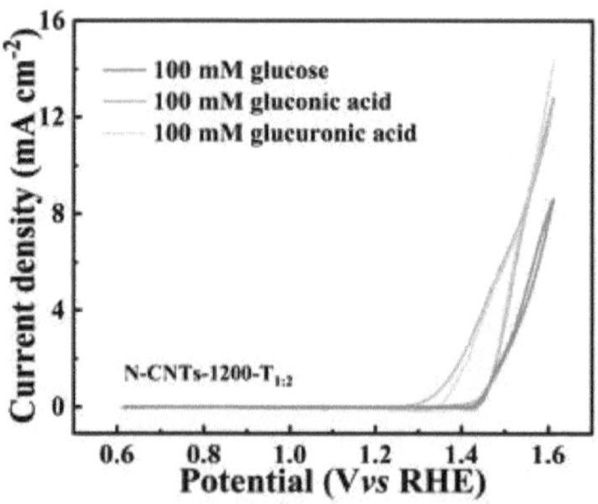

Fig. 4-5 Curvas CV de GOx/N-CNTs-TEMPO$_{1:2}$ /GCE em PBS 0,5 M saturado de O_2 (pH 7,0) com glucose, ácido glucónico e glucurónico a 10 mV s .$^{-1}$

O H_2O_2 produzido a partir da oxidação da glucose por catálise em cascata pelo bioanodo GOx/N-CNTs-TEMPO/GCE foi quantificado por iodometria sem reação eletroquímica oxidativa. As alterações cromogénicas com o aumento das concentrações de glucose foram detectadas pelo espetro de absorção UV-Vis. Como se mostra na Fig.4-6a, é detectado um aumento significativo da intensidade de absorção a 350 nm à medida que as concentrações de glucose aumentam de 10 para 600 mM, indicando que a quantidade de H_2O_2 produzida a partir da reação enzimática está positivamente correlacionada com a concentração de glucose até um certo ponto.

Para identificar melhor os compostos presentes no eletrólito após os ciclos, foram primeiro examinados os espectros de RMN de FTIR e ^1H da glucose, do ácido glucónico, do ácido glucurónico e do ácido glucárico. Como se mostra na Fig. 4-6b, o pico de adsorção aparece no número de onda de 1573 cm^{-1} , que se deve à extensão assimétrica de C-O-C, e o número de onda localizado a 1674 cm^{-1} corresponde à vibração de estiramento de C=O em COOH[212] , confirmando a formação de ácido glucónico após a reação enzimática. A presença de derivados de glucose no eletrólito após a reação é confirmada pelos picos típicos detectados a 2,5 e 6,5 ppm em ^1H NMR (Fig. 4-6c). Do mesmo modo, a presença de derivados de glucose é verificada pelos picos caraterísticos com deslocamentos químicos de 3~6 ppm e pela variação da caraterística C=O a 1674 cm^{-1} no FTIR, respetivamente. Estes resultados confirmam que os produtos de valor acrescentado e o H_2O_2 são os principais produtos na GOR mediada por GOx/N-CNTs-TEMPO.

As ZABs recarregáveis foram montadas com um cátodo de respiração de ar GOx/N-CNTs-TEMPO/CP e um ânodo de folha de Zn (Fig. 4-6d). A GOR mediada por GOx/N-CNTs-TEMPO serviu como reação anódica para diminuir a tensão de carga das ZABs, substituindo a OER no processo de carga. Além disso, os derivados de glicose de valor acrescentado podem ser produzidos a potenciais significativamente mais baixos.

A LSV foi realizada para comparar o desempenho eletroquímico do HEOC-ZAB e do N-CNTs-TEMPO/CP-ZAB. Como se mostra na Fig. 4-6e, as tensões necessárias para obter uma densidade de corrente de 10 mA cm^{-2} são de 2,05 V para a N-CNTs-TEMPO/CP-ZAB. O HEOC-ZAB necessita de 1,76 V para obter 10 mA cm^{-2} , significativamente inferior ao do N-CNTs-TEMPO/CP-ZAB, indicando uma GOR mediada por HEOC termodinamicamente mais favorável do que a GOR mediada por N-CNTs-TEMPO. As tensões necessárias para obter uma densidade de corrente de 20 mA cm^{-2} é de 2,07 V para o HEOC-ZAB, o que sugere a redução do consumo de energia do HEOC-ZAB durante o carregamento. A Fig. 4-6f mostra as curvas de polarização e as densidades de potência do HEOC-ZAB e do N-CNTs-TEMPO/CP-ZAB. Obviamente, a HEOC-ZAB apresenta uma tensão de descarga e uma densidade de potência de pico mais elevadas (6,45 mW-cm^{-2}) do que as da N-CNTs-TEMPO/CP-ZAB (4,13 mW-cm^{-2}).

A Fig. 4g mostra as curvas CV de GOx/N-CNTs-TEMPO/GCE e N-CNTs-TEMPO/GCE em PBS 0,5 M saturado de O_2 (pH 7,0) com glucose 100 mM.

A curva CV de N-CNTs-TEMPO/GCE mostra uma corrente de redução ORR significativa. Em comparação, a corrente de redução quase desaparece nas curvas CV de GOx/N-CNTs-TEMPO/GCE, enquanto se regista um aumento significativo da corrente de oxidação a ca. 1,08 V (vs. RHE). É sabido que o O_2 é um mediador natural da oxidase. A adição de glicose desencadeia cascatas híbridas de catálise de GOx e TEMPO acompanhadas de ORR para gerar H O_{22} , que esgota o oxigénio dissolvido, resultando numa diminuição da corrente ORR. O H produzido O_{22} pode ainda ser oxidado a um potencial elevado, o que dá origem a um aumento da corrente de oxidação. O aumento da corrente de oxidação e a diminuição da corrente de redução podem ser atribuídos à oxidação eletroquímica do H O_{22} gerado na reação de catálise em cascata e ao consumo contínuo de oxigénio dissolvido.

Podem ser encontradas outras provas nas medições i-t de GOx/N-CNTs-TEMPO/GCE e N-CNTs-TEMPO/GCE em PBS 0,5 M saturado com O_2 (pH 7,0). Foi investigada a influência da concentração de glucose e H O_{22} na corrente de oxidação. As densidades de corrente aumentam quando a concentração de glucose aumenta de 0 para 100 mM (Fig. 4-7a). Um aumento adicional da concentração de glucose revela um aumento insignificante da densidade de corrente. A densidade de corrente a 0,6 V vs AgCl está linearmente relacionada com as concentrações de glucose de 0 a 20 mM (Fig. 4-7b). A corrente de oxidação produzida pelo bioanodo GOx/N-CNTs-TEMPO/GCE provém predominantemente da oxidação electrocatalítica do H O_{22} . As densidades de corrente aumentam quando a concentração de H O_{22} aumenta de 0 para 50 mM (Fig. 4-7c). A densidade de corrente a 0,6 V vs AgCl está linearmente relacionada com as gamas de concentração de H O_{22} de 0 a 40 mM (Fig. 4-7d).

A Fig. 4-6h mostra os perfis de tensão de carga/descarga do HEOC-ZAB e do N-CNTs-TEMPO/CP-ZAB em várias densidades de corrente. O HEOC-ZAB apresenta uma tensão de carga mais baixa e uma tensão de descarga mais elevada do que a do N-CNTs-TEMPO/CP-ZAB com a mesma densidade de corrente, o que sugere um excelente desempenho do HEOC-ZAB. A diminuição significativa da tensão de carga pode ser atribuída à superioridade da GOR mediada por GOx/N-CNTs-TEMPO em termos de termodinâmica e cinética.

O HEOC-ZAB utilizando um cátodo de ar CP apresenta tensões de carga e descarga de 1,50 e 1,06 V, respetivamente, e funciona de forma estável durante 200 h em ar ambiente a 0,1 $mA\text{-}cm^{-2}$. Impressionantemente, o HEOC-ZAB manifesta um desempenho notável em ciclos com uma pequena diferença de tensão de carga/descarga de ~ 438 mV (Fig. 4-6i). Pelo contrário, o intervalo entre a tensão de carga/descarga da N-CNTs-TEMPO/CP-ZAB aumenta gradualmente de 564 mV para 615 mV, realçando os avanços das HEOC-ZABs propostas. O aumento da tensão de carga pode ser atribuído à lenta transferência de massa de glucose a uma taxa elevada, bem como a um ambiente de reação instável. Os resultados demonstram inequivocamente a aplicação prática do HEOC nos domínios das baterias metal-ar.

Para investigar a estabilidade dos N-CNTs-TEMPO e dos N-CNTs, foi ainda avaliada a taxa de utilização da glucose pelos materiais de elétrodo N-CNTs-TEMPO e N-CNTs. A Fig.4-8 mostra a curva CP da tensão dos dois electrolisadores baseados em BEC. A curva CP dos N-CNTs-TEMPO a uma densidade de corrente constante de 0,1 $mA\text{-}cm^{-2}$ teve poucas alterações no potencial em 83 h, e foi possível obter uma curva de potencial super-suave, enquanto a curva CP dos N-CNTs teve um aumento significativo no potencial por volta das 35 h. Pode ver-se pelas suas curvas CP que os

N-CNTs-TEMPO têm a maior taxa de utilização de glucose, indicando uma boa estabilidade do sistema ZABs baseado em HEOC.

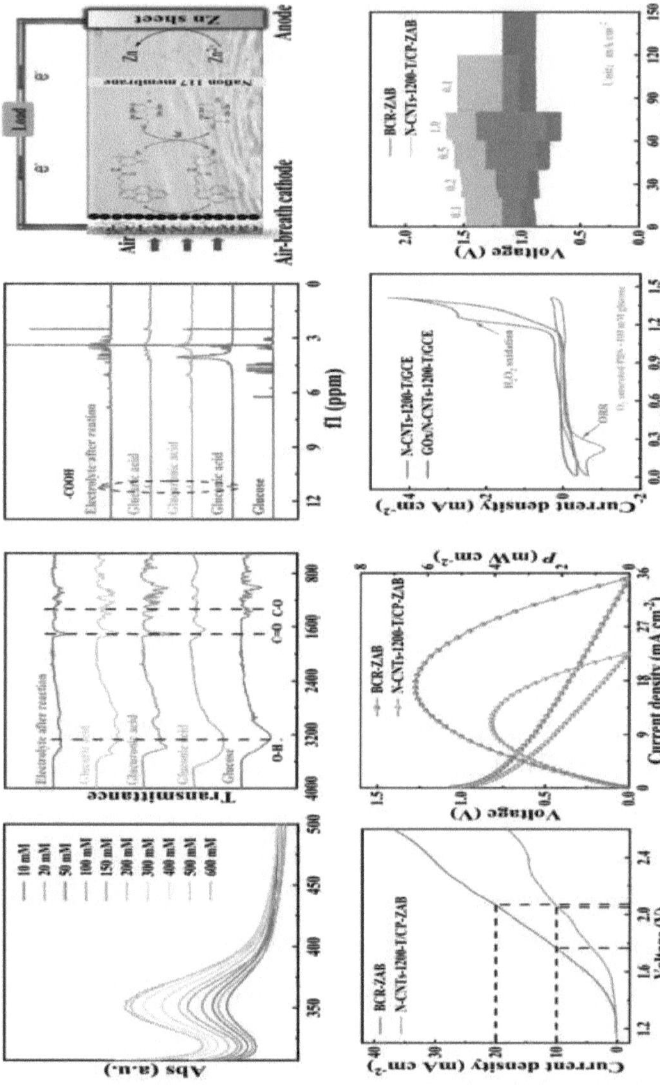

Fig. 4-6. (a) Espectros de absorção UV-Vis do eletrólito após a reação enzimática com diferentes concentrações de glucose. (b) Espectros FT-IR da glucose, do ácido glucónico, do ácido

glucurónico, do ácido glucárico e do eletrólito após a reação enzimática. (c) Espectros de RMN de 1H da glucose, do ácido glucónico, do ácido glucurónico, do ácido glucárico e do eletrólito após a reação. (d) Diagrama esquemático do HEOC-ZAB. (e) Curvas de polarização anódica do HEOC-ZAB e do N-CNTs-TEMPO/CP-ZAB a 5 mV s^{-1}. (f) Curvas de polarização catódica e de potência de saída do HEOC-ZAB e do N-CNTs-TEMPO/CP-ZAB. (g) Curvas CV de N-CNTs-TEMPO/GCE e GOX-N-CNTs-TEMPO/GCE em PBS 0,5 M saturado de O_2 (pH 7,0) com glucose a 10 mVs^{-1} ; (h) Perfis de tensão de carga/descarga do HEOC-ZAB e N-CNTs-TEMPO/CP-ZAB a diferentes densidades de corrente

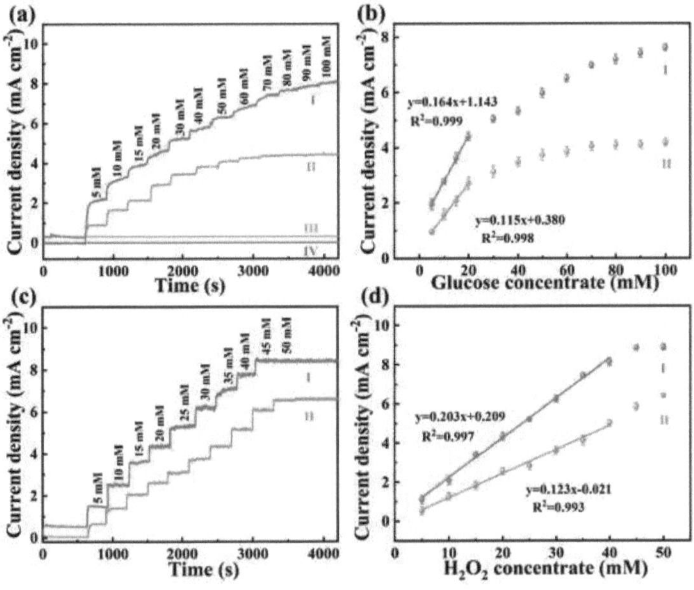

Fig. 4-7 I GOx/N-CNTs-TMPO/GCE, IIGOx/N-CNTs/GCE, IIIN-CNTs-TEMPO/GCE IV, a resposta dos N-CNTs/GCE à glicose na saturação de O_2 de 0,6 V vs AgCl (a); Error rod (b); I: N-CNTs-TEMPO/GCE, II: A resposta dos N-CNTs/GCE ao H O_{22} na saturação de N_2 de 0,6 V vs AgCl (c); Error rod (d)

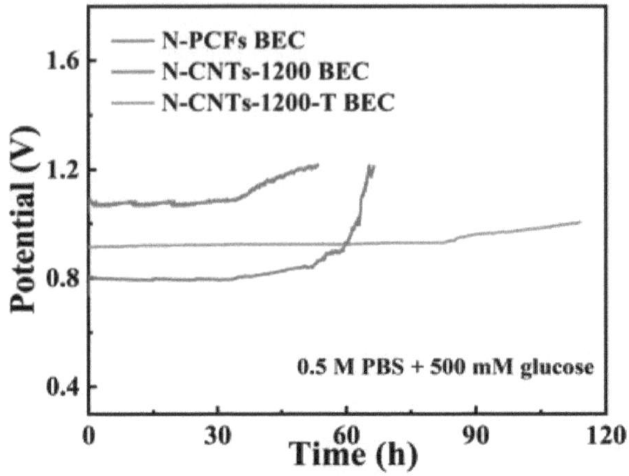

Fig. 4-8 Curvas CP de N-CNTs e N-CNTs-TEMPO em 0,5 M PBS (pH 7,0) com 500 mM de glucose

4.4. Conclusão

Em resumo, demonstrámos que a tensão de carga de um ZAB aquoso recarregável pode ser reduzida para 1,5 V com ciclos de carga/descarga estáveis ao longo de 200 h, substituindo o OER por HEOC e CP comercial como cátodo. O sistema electrocatalítico híbrido GOx-N-CNTs-TEMPO foi construído para a oxidação profunda da glucose a $6e^-$ à temperatura ambiente e em condições neutras, o que melhorou consideravelmente a eficiência catalítica. Ao substituir o OER por HEOC, o inovador ZAB recarregável baseado em HEOC apresenta uma elevada eficiência energética devido à cinética de reação mais rápida e à termodinâmica mais favorável da GOR mediada por GOx-N-CNTs-TEMPO do que o OER convencional. A diferença de tensão de carga/descarga é tão baixa como 438 mV, muito inferior à da ZAB convencional sem GOx nas mesmas condições, e a ZAB baseada em HEOC apresenta uma estabilidade de ciclo de longa duração superior a 200 h a 0,1 mA cm^{-2} . Além disso, são produzidos valiosos derivados de glucose durante o processo de operação. Por conseguinte, as aplicações do HEOC em ZABs recarregáveis demonstram uma maior eficiência energética e uma estabilidade superior do sistema. Com base nos resultados discutidos acima, quando a GOR mediada por HEOC é utilizada para substituir a OER convencional nos campos de ZAB aquosos recarregáveis, é possível obter simultaneamente uma baixa tensão de carregamento e produtos de valor acrescentado. Este trabalho fornece uma reação anódica inovadora para melhorar a eficiência energética das ZAB aquosas recarregáveis e mostra a viabilidade da produção de produtos químicos de valor acrescentado numa EESC.

Referências

[1] Chu S, Majumdar A. Oportunidades e desafios para um futuro energético sustentável[J]. nature, 2012, 488(7411): 294-303.

[2] Youngblood W J, Lee S-H A, Kobayashi Y, et al. Divisão global de água fotoassistida numa célula fotoelectroquímica sensibilizada por corante absorvente de luz visível [J]. Journal of the American Chemical Society, 2009, 131(3): 926-927.

[3] Li X, Zhang F, He H, et al. Sequestro de chumbo no dispositivo para células solares de perovskita [J]. Nature, 2020, 578(7796): 555-558.

[4] Wu H-L, Li X-B, Tung C-H, et al. Pontos quânticos semicondutores: um candidato emergente para a fotorredução de CO_2 . Adv Mater 2019;31:1900709.

[5] Luo Y, Tang L, Khan U, et al. Morfologia e engenharia química da superfície para catalisadores universais de pH para a evolução do hidrogénio a alta densidade de corrente. Nat Commun 2019;10:269.

[6] Alam KM, Kumar P, Kar P, et al. Heterojunções de nanofolhas de nitreto de carbono dopadas com halogéneo e BiOI para separação de água impulsionada pela luz solar. Nanotecnologia 2020;31:084001.

[7] Li Y, Zhang H, Xu T, et al. Elétrodo de nanoarray de Pt superaerofóbico em forma de pinho debaixo de água para evolução de hidrogénio de desempenho ultra elevado. Adv Funct Mater 2015;25:1737-44.

[8] Lu Q, Yu Y, Ma Q, et al. Compósitos baseados em nanocamadas de metal de transição 2D-dicalcogeneto para reações de evolução de hidrogênio fotocatalítico e eletrocatalítico. Adv Mater 2016;28:1917-33.

[9] Blakemore JD, Crabtree RH, Brudvig GW. Catalisadores moleculares para a oxidação da água. Chem Rev 2015;115:12974-3005.

[10] Jiao Y, Zheng Y, Jaroniec M, et al. Conceção de electrocatalisadores para reacções de conversão de energia envolvendo oxigénio e hidrogénio. Chem Soc Rev 2015;44:2060-86.

[11] You B, Sun Y. Estratégias inovadoras para a separação electrocatalítica da água. Acc Chem Res 2018;51:1571-80.

[12] Li W, Wang D, Zhang Y, Tao L, Wang T, Zou Y, Wang Y, Chen R, Wang S. Defect

engineering for fuel-cell electrocatalysts. Materiais Avançados. 2020 maio;32(19):1907879.

[13] Yang L, Shui J, Du L, Shao Y, Liu J, Dai L, Hu Z. Electrocatalisadores ORR sem metais à base de carbono para células de combustível: passado, presente e futuro. Materiais avançados. 2019 Mar;31(13):1804799.

[14]Joo J, Kim T, Lee J, Choi SI, Lee K. Morphology-controlled metal sulfides and phosphides for electrochemical water splitting. Materiais avançados. 2019 Apr;31(14):1806682.

[15] Li L, Wang P, Shao Q, Huang X. Nanoestruturas metálicas de baixa dimensionalidade para a separação eletroquímica da água. Revisões da Sociedade Química. 2020;49(10):3072-106.

[16] Yang L, Liu R, Jiao L. Redistribuição eletrónica: construção e modulação da engenharia de interfaces em CoP para melhorar a separação global da água. Materiais Funcionais Avançados. 2020 Abr;30(14):1909618.

[17] Li Y, Guo S, ** T, Wang Y, Cheng F, Jiao L. Promoveu a sinergia em nanohíbridos CoP@ NiFe-OH de ramo central para uma eficiente separação global de água por eletroquímica/fotovoltagem. Nano Energy. 2019 Sep 1;63:103821.

[18] Dong Z, Lin F, Yao Y, Jiao L. Catalisador misto de Ni(OH) cristalino$_2$ / NiMoOx amorfo com desempenho semelhante ao da Pt para a produção de hidrogénio. Materiais energéticos avançados. 2019 Dec;9(46):1902703.

[19] Cao J, Zhang D, Zhang X, Zeng Z, Qin J, Huang Y. Estratégias de regulação das estruturas de solvatação do Zn^{2+} para baterias de iões de zinco sem dendrite e com supressão de reacções laterais. Energia e Ciência Ambiental. 2022;15(2):499-528.

[20] Li Y, Dong Z, Jiao L. Fosforetos multifuncionais à base de metais de transição na electrocatálise relacionada com a energia. Materiais energéticos avançados. 2020 Mar;10(11):1902104.

[21] Zhang L, Zhao ZJ, Gong J. Nanostructured materials for heterogeneous electrocatalytic CO2 reduction and their related reaction mechanisms. Edição Internacional da Angewandte Chemie. 2017 Sep 11;56(38):11326-53.

[22] Ross MB, De Luna P, Li Y, Dinh CT, Kim D, Yang P, Sargent EH. Designing

materials for electrochemical carbon dioxide recycling. Nature Catalysis. 2019 Ago;2(8):648-58.

[23] Wang Y, Liu J, Wang Y, Al-Enizi AM, Zheng G. Tuning of CO2 reduction selectivity on metal electrocatalysts. Small. 2017 Nov;13(43):1701809.

[24] Qing G, Ghazfar R, Jackowski ST, Habibzadeh F, Ashtiani MM, Chen CP, Smith III MR, Hamann TW. Recent advances and challenges of electrocatalytic N2 reduction to ammonia. Revisões químicas. 2020 maio 27;120(12):5437-516.

[25] Tang C, Qiao SZ. Como explorar a redução electrocatalítica do azoto no ambiente de forma fiável e perspicaz. Revisões da Sociedade Química. 2019;48(12):3166-80.

[26] Yan X, Liu D, Cao H, Hou F, Liang J, Dou SX. Redução do azoto a amoníaco em sítios activos à escala atómica em condições moderadas. Métodos pequenos. 2019 Sep;3(9):1800501.

[27] Lee JS, Tai Kim S, Cao R, Choi NS, Liu M, Lee KT, Cho J. Baterias metal-ar com elevada densidade energética: Li-air versus Zn-air. Advanced Energy Materials. 2011 Jan 1;1(1):34-50.

[28] Li M, Bi X, Wang R, Li Y, Jiang G, Li L, Zhong C, Chen Z, Lu J. Relacionando a catálise entre células de combustível e baterias metal-ar. Matter. 2020 Jan 8;2(1):32-49.

[29] Bruce PG, Freunberger SA, Hardwick LJ, Tarascon JM. Baterias Li-O_2 e Li-S com elevado armazenamento de energia. Nature materials. 2012 Jan;11(1):19-29.

[30] Zhou G, Chen H, Cui Y. Formulação da densidade energética para a conceção de baterias práticas de lítio-enxofre. Nature Energy. 2022 Abr;7(4):312-9.

[31] Girishkumar G, McCloskey B, Luntz AC, Swanson S, Wilcke W. Lithium-air battery: promise and challenges. Journal of Physical Chemistry Letters. 2010 Jul 15;1(14):2193-203.

[32] Kraytsberg A, Ein-Eli Y. Review on Li-air batteries Oportunidades, limitações e perspectivas. Journal of Power Sources. 2011 Feb 1;196(3):886-93.

[33] Blakemore J D, Crabtree R H, Brudvig G W. Catalisadores moleculares para a oxidação da água [J]. Chemical Reviews, 2015, 115(23): 12974-13005.

[34] Jiao Y, Zheng Y, Jaroniec M, et al. Conceção de electrocatalisadores para reacções

de conversão de energia envolvendo oxigénio e hidrogénio [J]. Chemical Society Reviews, 2015, 44(8): 2060-2086.

[35] Litman Z C, Wang Y, Zhao H, et al. Reacções assimétricas cooperativas que combinam fotocatálise e catálise enzimática [J]. Nature, 2018, 560(7718): 355-359.

[36] Choi D S, Lee H, Tieves F, et al. Geração in situ de H_2O_2 sem viés em uma célula tandem fotovoltaica-fotoeletroquímica para oxifuncionalização biocatalítica [J]. ACS Catalysis, 2019, 9(11): 10562-10566.

[37] W.-J. Liu, Z. Xu, D. Zhao, X.-Q. Pan, H.-C. Li, X. Hu, Z.-Y. Fan, W.-K. Wang, G.-H. Zhao, S. Jin, Efficient electrochemical production of glucaric acid and H_2 via glucose electrolysis, Nat. Commun. 11 (2020) 265.

[38] Zhu J, Hu L, Zhao P, et al. Avanços recentes na evolução electrocatalítica do hidrogénio utilizando nanopartículas [J]. Revisões químicas, 2019, 120(2): 851-918.

[39] Wang T, Cao X, Jiao L. Catalisadores de metal à base de carbono derivados de MOFs para eletrocatálise relacionada à energia [J]. Pequeno, 2021, 17(22): 2004398.

[40] United States Department of Energy. A National Vision of America's Transition to a Hydrogen Economy To 2030 and Beyond; Washington, DC, 2003.

[41] Gray HB. Powering the planet with solar fuel. Nature chemistry. 2009 Apr;1(1):7-7.

[42] Seh ZW, Kibsgaard J, Dickens CF, Chorkendorf I, Nørskov JK, Jaramillo TF. Combining theory and experiment in electrocatalysis: insights into materials design. Science. 2017;355:146.

[43] Wang, J.; Xu, F.; Jin, H.; Chen, Y.; Wang, Y. Compósitos de carbono à base de metais não nobres na reação de evolução do hidrogénio: Fundamentals to Applications. Adv. Mater. 2017, 29, 1605838.

[44] Zheng, Y.; Jiao, Y.; Vasileff, A.; Qiao, S.-Z. The Hydrogen Evolution Reaction in Alkaline Solution (Reação de Evolução do Hidrogénio em Solução Alcalina): From Theory, Single Crystal Models, to Practical Electrocatalysts. Angew. Chem., Int. Ed. 2018, 57,7568-7579.

[45] Jin, H. Y.; Guo, C. X.; Liu, X.; Liu, J. L.; Vasileff, A.; Jiao, Y.; Zheng, Y.; Qiao, S. Z. Emerging Two-Dimensional Nanomaterials for Electrocatalysis. Chem. Rev.

2018, 118, 6337-6408.

[46] Hou, J.; Wu, Y.; Zhang, B.; Cao, S.; Li, Z.; Sun, L. Rational Design of Nanoarray Architectures for Electrocatalytic Water Splitting. Adv. Funct. Mater. 2019, 29, 1808367.

[47] Gao, Q. S.; Zhang, W. B.; Shi, Z. P.; Yang, L. C.; Tang, Y. Structural Design and Electronic Modulation of Transition-MetalCarbide Electrocatalysts towards Efficient Hydrogen Evolution. Adv. Mater. 2019, 31, 1802880.

[48] Zhao C-X, Liu J-N, Wang J, et al. Avanços recentes de electrocatalisadores bifuncionais de redução e evolução de oxigénio sem metais nobres [J]. Chemical Society Reviews, 2021, 50(13): 7745-7778.

[49] Cao X, Wang T, Jiao L. Eletrocatalisadores de nanofibras à base de metais de transição (Fe, Co e Ni) para divisão de água [J]. Materiais de fibra avançados, 2021, 3: 210-228.

[50] Wang T, Cao X, Jiao L. Progresso na produção de hidrogénio associada à oxidação eletroquímica de pequenas moléculas [J]. Angewandte Chemie International Edition, 2022, 61(51): e202213328.

[51] Miller H, Bellini M, Vizza F, et al. Nanopartículas Au-Pd com núcleo de casca suportadas em carbono para a produção de hidrogénio por electroreformação de álcool [J]. Catalysis Science & Technology, 2016, 6(18): 6870-6878.

[52] Dolle C, Neha N, Coutanceau C. Produção eletroquímica de hidrogénio a partir de biomassa[J]. Current Opinion in Electrochemistry, 2022, 31: 100841.

[53] Bhaskar T, Venkata Mohan S, You S, et al. Biomassa para hidrogénio verde (BGH2- 2022)[J]. Bioresource Technology, 2023, 376: 128924.

[54] Eftekhari A. Electrocatalysts for hydrogen evolution reaction. Jornal Internacional de Energia de Hidrogénio. 2017 Abr 20;42(16):11053-77.

[55] Xu Y, Zhang B. Avanços recentes na produção eletroquímica de hidrogênio a partir da água assistida por reações de oxidação alternativas [J]. ChemElectroChem, 2019, 6(13): 3214-3226.

[56] Meng F, Dai C, Liu Z, et al. Eletro-oxidação de metanol para formar em óxidos de perovskita de cobalto de lantânio substituído por ferro [J]. eScience, 2022, 2 (1):

87-94. [57] Li MC, Liu Z, Tan L, Zhou QY, Zhang JJ, Hou PP, ** XJ, Lv TB, Zhao ZQ, Zeng Z, Deng S. Fabricação de gaiolas de carbono cúbicas e porosas com redes de nanotubos de carbono cultivadas in situ e fosfeto de cobalto para baterias de lítio-enxofre estáveis e de alta capacidade. ACS Sustainable Chemistry & Engineering. 2022 Jul 27;10(31):10223-33.

[58] Dai C, Sun L, Liao H, Khezri B, Webster RD, Fisher AC, Xu ZJ. Produção eletroquímica de ácido lático a partir da oxidação de glicerol catalisada por nanopartículas de AuPt. Journal of Catalysis. 2017 Dez 1;356:14-21.

[59] Zalineeva A, Serov A, Padilla M, Martinez U, Artyushkova K, Baranton S, Coutanceau C, Atanassov PB. Electrooxidação do glicerol em nanopartículas de Pd1Snx auto-suportadas. Applied Catalysis B: Ambiental. 2015 Oct 1;176:429-35.

[60] Huang Y, Yang R, Anandhababu G, **e J, Lv J, Zhao X, Wang X, Wu M, Li Q, Wang Y. Heteroestruturas de cobalto/ferro (óxidos) para uma evolução eficiente do oxigénio e reacções de oxidação do álcool benzílico. ACS Energy Letters. 2018 Jul 11;3(8):1854-60.

[61] Chen YX, Lavacchi A, Miller HA, Bevilacqua M, Filippi J, Innocenti M, Marchionni A, Oberhauser W, Wang L, Vizza F. Nanotechnology makes biomass electrolysis more energy efficient than water electrolysis. Comunicações da natureza. 2014 Jun 3;5(1):4036.

[62] You B, Liu X, Liu X, Sun Y. Efficient H2 evolution coupled with oxidative refining of alcohols via a hierarchically porous nickel bifunctional electrocatalyst. Acs Catalysis. 2017 Jul 7;7(7):4564-70.

[63] Chen GF, Luo Y, Ding LX, Wang H. Produção de hidrogénio eletrolítico de baixa voltagem a partir da oxidação eficiente da água e do etanol num ânodo de FeOOH modificado com flúor. ACS Catalysis. 2018 Jan 5;8(1):526-30.

[64] Taitt BJ, Nam DH, Choi KS. Um estudo comparativo de ânodos de níquel, cobalto e oxi-hidróxido de ferro para a oxidação eletroquímica de 5-hidroximetilfurfural em ácido 2, 5-furandicarboxílico. Acs Catalysis. 2018 Dec 7;9(1):660-70.

[65] Barwe S, Weidner J, Cychy S, Morales DM, Dieckhöfer S, Hiltrop D, Masa J, Muhler M, Schuhmann W. Electrocatalytic oxidation of 5-(hydroxymethyl) furfural

using high-surface-area nickel boride. Edição Internacional da Angewandte Chemie. 2018 Aug 27;57(35):11460-4.

[66] Zhang R, Jiang S, Rao Y, Chen S, Yue Q, Kang Y. Atualização eletroquímica de biomassa em nanofolhas de CoOOH num eletrolisador de água híbrido. Química Verde. 2021;23(6):2525-30.

[67] Sajid M, Zhao X, Liu D. Production of 2, 5-furandicarboxylic acid (FDCA) from 5-hydroxymethylfurfural (HMF): recent progress focusing on the chemical-catalytic routes. Química verde. 2018;20(24):5427-53.

[68]You B, Jiang N, Liu X, Sun Y. Simultaneous H2 generation and biomass upgrading in water by an efficient noble-metal-free bifunctional electrocatalyst. Angewandte Chemie International Edition. 2016 Aug 16;55(34):9913-7.

[69] Fang R, Tian P, Yang X, Luque R, Li Y. Encapsulamento de nanopartículas ultrafinas de óxido metálico em mesoporos para aplicações catalíticas derivadas de biomassa. Ciência química. 2018;9(7):1854-9.

[70] Zhang X, Han M, Liu G, Wang G, Zhang Y, Zhang H, Zhao H. Hidrogenação e oxidação de furfural a alta velocidade simultâneas em fosforetos de metais de transição nanoestruturados através de conversão electrocatalítica em condições ambientais. Applied Catalysis B: Ambiental. 2019 May 5;244:899-908.

[71] Kubota SR, Choi KS. Electrochemical valorization of furfural to maleic acid. ACS Sustainable Chemistry & Engineering. 2018 Jun 25;6(8):9596-600.

[72] Zhang Y, Zhou B, Wei Z, et al. Acoplamento de Cu (I) / Cu (II) redox assistido por glicose com produção eletroquímica de hidrogênio [J]. Materiais Avançados, 2021, 33(48): 2104791.

[73] Chong X, Liu C, Wang C, et al. Integração da produção de hidrogênio e transferência de hidrogenação com eletrooxidação promovida por selenito de α-nitrotoluenos a E-nitroetenos [J]. Angewandte Chemie, 2021, 133(40): 22181-22187.

[74] Yi L, Ji Y, Shao P, et al. Síntese escalável de nanofolhas de dissulfeto de tungstênio para reciclagem eletrocatalítica de sulfeto de ácido alcalino e H_2 Geração [J]. Angewandte Chemie International Edition, 2021, 60(39): 21550-21557.

[75] X. Tian, X. Zhao, Y.-Q. Su, L. Wang, H. Wang, D. Dang, B. Chi, H. Liu, E.J.

Hensen, X.W. Lou, nanocages de liga Pt-Ni agrupados de engenharia para redução eficiente de oxigênio em células de combustível práticas, Science 366 (2019) 850-856.

[76] Z.Y. Yu, Y. Duan, X.Y. Feng, X. Yu, M.R. Gao, S.H. Yu, Combustível de hidrogénio limpo e acessível a partir da separação de água alcalina: passado, progresso recente e perspectivas futuras, Adv. Mater. 33 (2021) 2007100.

[77] L. Lin, W. Zhou, R. Gao, S. Yao, X. Zhang, W. Xu, S. Zheng, Z. Jiang, Q. Yu, Y.-W. Li, produção de hidrogénio a baixa temperatura a partir de água e metanol utilizando catalisadores Pt/α-MoC, Nature 544 (2017) 80-83.

[78] K.M. Alam, P. Kumar, P. Kar, A. Goswami, U.K. Thakur, S. Zeng, E. Vahidzadeh, K. Cui, K. Shankar, Heterojunções de nanofolhas de nitreto de carbono dopadas com halogéneo e BiOI para separação de água impulsionada pela luz solar, Nanotecnologia 31 (2019) 084001.

[79] H.L. Wu, X.B. Li, C.H. Tung, L.Z. Wu, Pontos quânticos semicondutores: um candidato emergente para a fotorredução de CO_2 , Adv. Mater. 31 (2019) 1900709.

[80] D. Li, Z. Li, R. Zou, G. Shi, Y. Huang, W. Yang, W. Yang, C. Liu, X. Peng, Acoplamento da separação global de água e oxidação de biomassa através de nanofolhas de Ni_2 P@C dopadas com Fe a uma grande densidade de corrente, Appl. Catal. B 307 (2022) 121170.

[81] H.G. Cha, K.-S. Choi, Combined biomass valorization and hydrogen production in a photoelectrochemical cell, Nat. Chem. 7 (2015) 328-333.

[82] Y. Zhang, D. Zhao, W. Zhu, W. Zhang, Z. Yue, J. Wang, R. Wang, D. Zhang, J. Wang, G. Zhang, Engenharia de nanoarrays de óxido de níquel em vários estágios em espuma de Ni: um eletrodo catalítico superior para deteção eletroquímica de alto desempenho de glicose, Sens. Actuators, B 255 (2018) 416-423.

[83] J.H. Franco, S.A. Neto, D.P. Hickey, S.D. Minteer, A.R. de Andrade, Hybrid catalyst cascade architecture enhancement for complete ethanol electrochemical oxidation, Biosens. Bioelectron. 121 (2018) 281-286.

[84] X. Sun, Z. Mao, R. Wang, X. Pi, C. Chen, J. Zhong, Q. Wang, K.K. Ostrikov, Síntese por plasma de nanopartículas de liga de PtFe ordenadas encapsuladas com camadas ultrafinas de carbono dopado com N para uma electrooxidação eficiente do

metanol, Nano Res. 16 (2023) 2065-2075.

[85] B. You, X. Liu, X. Liu, Y. Sun, Efficient H_2 evolution coupled with oxidative refining of alcohols via a hierarchically porous nickel bifunctional electrocatalyst, ACS Catal. 7 (2017) 4564-4570.

[86] L. Li, Z. Zhang, H. Chen, F. Chen, Promoting electrocatalytic alcohols oxidation coupled with H_2 production via ligand intercalation strategy, Nano Res. (2022) 1-7.

[87] H. Huang, C. Yu, X. Han, H. Huang, Q. Wei, W. Guo, Z. Wang, J. Qiu, o hidróxido de Ni, Co desencadeia a produção electrocatalítica de ácido benzoico de alta pureza acima de 400 mA cm^{-2} , Energy Environ. Sci. 13 (2020) 4990-4999.

[88] W.T. Chen, A.Y. Zhu, J. Sisler, Z. Bharwani, F. Capasso, A broadband achromatic polarization-insensitive metalens consisting of anisotropic nanostructures, Nat. Commun. 10 (2019) 355.

[89] B. You, X. Liu, N. Jiang, Y. Sun, A general strategy for decoupled hydrogen production from water splitting by integrating oxidative biomass valorization, J. Am. Chem. Soc. 138 (2016) 13639-13646.

[90] H. Zhou, Y. Dong, X. Xin, M. Chi, T. Song, H. Lv, Electrocatalytic valorization of 5-hydroxymethylfurfural coupled with hydrogen production using tetraruthenium-containing polyoxometalate-based composites, J. Am. Chem. Soc. 10 (2022) 19963-19971.

[91] Z. Zhang, G.W. Huber, Oxidação catalítica de carboidratos em ácidos orgânicos e furanos químicos, Chem. Soc. Rev. 47 (2018) 1351-1390.

[92] X. Zhang, J. Li, Y. Yang, S. Zhang, H. Zhu, X. Zhu, H. Xing, Y. Zhang, B. Huang, S. Guo, Co O_{34} /Fe0.33Co0.66P interface nanofio para melhorar a catálise de oxidação da água em alta densidade de corrente, Adv. Mater. 30 (2018) 1803551.

[93] Y.-L. Wang, S.-S. Li, X.-H. Yang, G.-Y. Xu, Z.-C. Zhu, P. Chen, S.-Q. Li, One minute from pristine carbon to an electrocatalyst for hydrogen peroxide production, J. Mater. Chem. A 7 (2019) 21329-21337.

[94] G. Li, Y. Wang, F. Yu, Y. Lei, Z. Hu, Deep oxidization of glucose driven by 4-acetamido-TEMPO for a glucose fuel cell at room temperature, Chem. Commun. 57 (2021) 4051-4054.

[95] S. Finn, M. Herne, D. Castille, The value of traditional ecological knowledge for the environmental health sciences and biomedical research, Environ. Health Perspect. 125 (2017) 085006.

[96] Y. Zhang, B. Zhou, Z. Wei, W. Zhou, D. Wang, J. Tian, T. Wang, S. Zhao, J. Liu, L. Tao, Acoplamento de Cu(I)/Cu(II) Redox assistido por glucose com produção eletroquímica de hidrogénio, Adv. Mater. 33 (2021) 2104791.

[97] Y.-J. Shih, Y.-H. Huang, C. Huang, formação eletroquímica in situ de oxihidróxido de níquel (NiOOH) em eletrodo de espuma de níquel metálico para a oxidação direta de amônia em solução aquosa, Electrochim. Ata 281 (2018) 410-419.

[98] J. Lee, B. Saha, D.G. Vlachos, catalisadores de Pt para a oxidação aeróbica eficiente de glicose a ácido glucárico em água, Green Chem. 18 (2016) 3815-3822.

[99] W.-J. Liu, Z. Xu, D. Zhao, X.-Q. Pan, H.-C. Li, X. Hu, Z.-Y. Fan, W.-K. Wang, G.-H. Zhao, S. Jin, Produção eletroquímica eficiente de ácido glucárico e H_2 via eletrólise de glicose, Nat. Commun. 11 (2020) 265.

[100] Z. Zhu, Y.-H.P. Zhang, Engenharia metabólica in vitro da geração de bioeletricidade através da oxidação completa da glucose, Metab. Eng. 39 (2017) 110-116.

[101] J. Zhang, X. Sheng, Z. Ding, H. Wang, L. Feng, X. Zhang, L. Wen, L. Jiang, X. Feng, Dissociação da produção de hidrogénio da oxidação da água através da integração de uma reação em cascata bioelectroquímica interfacial trifásica, Sci. Bull. 66 (2021) 164-169.

[102] J. Du, D. Xiang, K. Zhou, L. Wang, J. Yu, H. Xia, L. Zhao, H. Liu, W. Zhou, Electrochemical hydrogen production coupled with oxygen evolution, organic synthesis, and waste reforming, Nano Energy (2022) 107875.

[103] F. Xu, S. Cai, B. Lin, L. Yang, H. Le, S. Mu, Geometric engineering of porous PtCu nanotubes with ultrahigh methanol oxidation and oxygen reduction capability, Small 18 (2022) 2107387.

[104] N. Xu, Y. Zhang, Y. Wang, M. Wang, T. Su, C.A. Coco, J. Qiao, X.-D. Zhou, catalisadores bifuncionais hierárquicos com atividade catalítica sob medida para baterias de Zn-ar recarregáveis de alta energia, Appl. Energia 279 (2020) 115876.

[105] R.A. Mirzaie, A.A. Firooz, P. Ghorbani, The effect of reaction layer composition on Pt/NiO function for glucose oxidation reaction in neutral media, Mater. Sci. Eng. C 114 (2020) 111061.

[106] C. Lin, S.-H. Kim, Q. Xu, D.-H. Kim, G. Ali, S.S. Shinde, S. Yang, Y. Yang, X. Li, Z. Jiang, baterias metal-ar assimétricas de alta tensão baseadas em single-Zn polimérico^{2+} -condutor de íons, Matéria 4 (2021) 1287-1304.

[107] N. Kadam, A. Sarkar, A rechargeable zinc-air battery with decoupled metal oxidation and oxygen reduction reactions, J. Power Sources 510 (2021) 230375.

[108] Z. Li, S. Ning, J. Xu, J. Zhu, Z. Yuan, Y. Wu, J. Chen, F. Xie, Y. Jin, N. Wang, Ativação eletroquímica in situ de $Co(OH)_2$ @$Ni(OH)_2$ heteroestruturas para uma reforma eficiente da electrooxidação do etanol e baterias inovadoras de zinco-etanol-ar, Energy Environ. Sci. 15 (2022) 5300-5312.

[109] Z. Li, B. Zhang, G. Li, S. Cao, C. Guo, H. Li, R. Wang, J. Chen, L. Wu, J. Huang, Y. Bai, X. Wang, Restringir a migração e a dissolução de iões de metal de transição através de um separador funcionalizado para um cátodo à base de Mn rico em Li com elevada densidade energética, J. Energy Chem. 84 (2023) 11-21.

[110] Y. Duan, Z.Y. Yu, S.J. Hu, X.S. Zheng, C.T. Zhang, H.H. Ding, B.C. Hu, Q.Q. Fu, Z.L. Yu, X. Zheng, Scaled-up synthesis of amorphous NiFeMo oxides and their rapid surface reconstruction for superior oxygen evolution catalysis, Angew. Chem. Int. Ed. 58 (2019) 15772-15777.

[111] C.C. McCrory, S. Jung, J.C. Peters, T.F. Jaramillo, Benchmarking heterogeneous electrocatalysts for the oxygen evolution reaction, J. Am. Chem. Soc. 135 (2013) 16977-16987.

[112] S. Peng, L. Fan, C. Wei, X. Liu, H. Zhang, W. Xu, J. Xu, Flexible polypyrrole/copper sulfide/bacterial cellulose nanofibrous composite membranes as supercapacitor electrodes, Carbohydr. Polym. 157 (2017) 344-352.

[113] G. Li, Y. Long, Z. Li, S. Li, Y. Zheng, B. He, Z. Hu, M. Zhou, Z. Hou, Reduzir a tensão de carregamento de uma bateria de Zn-ar para 1,6 V através da oxidação de biomassa mediada por radicais redox, ACS Sustainable Chem. Eng. 11 (2023) 8642-8650.

[114] C. Yuan, M. Chen, K. Zhu, J. Ni, S. Wang, B. Cao, S. Zhong, J. Zhou, S. Wang, Facile synthesis of nitrogen-doped interconnected porous carbons derived from reed and chlorella for high-performance supercapacitors, Fuel Process. Technol. 238 (2022) 107466.

[115] G. Li, G. Ren, W.A. Wang, Z. Hu, Projeto racional de rede CNTs @ C3N4 dopada com N para captura dupla de biocatalisadores em glicose enzimática / O_2 células de biocombustível, Nanoscale 13 (2021) 7774-7782.

[116] Y.J. Kang, H. Chung, C.-H. Han, W. Kim, supercapacitores flexíveis de estado totalmente sólido baseados em papéis revestidos com nanotubos de carbono e electrólitos de gel à base de líquido iónico, Nanotecnologia 23 (2012) 065401.

[117] X. Feng, Y. Ning, Z. Wu, Z. Li, C. Xu, G. Li, Z. Hu, Nanoribbons de grafeno enriquecidos com defeitos afinam o comportamento de adsorção do mediador para impulsionar a célula de biocombustível de lactato/oxigénio, Nanomaterials 13 (2023) 1089.

[118] S. Pakapongpan, A. Tuantranont, R.P. Poo-Arporn, Nanocompósito de óxido de grafeno reduzido por nanopartículas magnéticas como um novo bioeletrodo para células de biocombustível enzimático de glicose sem mediador e sem membrana, Sci Rep. 7 (2017) 12882.

[119] Y. Zhao, J. Zhou, Z. Jia, D. Huo, Q. Liu, D. Zhong, Y. Hu, M. Yang, M. Bian, C. Hou, crescimento in situ de nanopartículas de ouro numa rede 3D constituída por um nanocompósito MoS_2 /rGO para determinação voltamétrica simultânea de ácido ascórbico, dopamina e ácido úrico, Microchim. Ata 186 (2019) 1-10.

[120] A. Korani, A. Salimi, High performance glucose/O_2 compartment-less biofuel cell using DNA/CNTs as platform for immobilizing bilirubin oxidase as novel biocathode and integrated NH_2 -CNTs/dendrimer/glucose dehydrogenase/nile blue as bioanode, Electrochim. Ata 185 (2015) 90-100.

[121]Xia, Q.; Zhai, Y. J.; Zhao, L. L.; Wang, J.; Li, D. Y.; Zhang, L. L.;Zhang, J. T. Carbon-supported single-atom catalysts for advanced rechargeable metal-air batteries. Energy Mater. 2022, 2, 200015.

[122]Yin, Z. Y.; He, R.; Xue, H. B.; Chen, J. J.; Wang, Y.; Ye, X. X.; Xu,N. N.; Qiao,

J. L.; Huang, H. T. Um eletrodo de automontagem de MnO2 ativado por bimetálico com uma estrutura de heterojunção dupla para baterias de zinco-ar recarregáveis de alto desempenho. Energy Mater. 2022, 2, 200021.

[123] Z.Y. Yu, Y. Duan, X.Y. Feng, X. Yu, M.R. Gao, S.H. Yu, Combustível de hidrogénio limpo e acessível a partir da separação de água alcalina: passado, progresso recente e perspectivas futuras, Adv. Mater. 33 (2021) 2007100.

[124] Zhu J, Hu L, Zhao P, et al. Avanços recentes na evolução electrocatalítica do hidrogénio utilizando nanopartículas [J]. Chemical reviews, 2019, 120(2): 851-918.

[125] Wang T, Cao X, Jiao L. Catalisadores de metal à base de carbono derivados de MOFs para eletrocatálise relacionada à energia [J]. Pequeno, 2021, 17(22): 2004398.

[126] Zhang Y, Zhou B, Wei Z, et al. Acoplamento de Cu (I) /Cu (II) redox assistido por glicose com produção eletroquímica de hidrogênio [J]. Materiais Avançados, 2021, 33(48): 2104791.

[127] Zhang J, Wang T, Liu P, et al. Produção eficiente de hidrogénio em electrocatalisadores MoNi4 com cinética de dissociação rápida da água [J]. Comunicações da natureza, 2017, 8(1): 15437.

[128]Huang L, Chen D, Luo G, et al. Bifuncionalidade induzida por regulação de zircónio em nanofolhas de óxido de cobalto-ferro 3D para separação global de água [J]. Materiais Avançados, 2019, 31(28): 1901439.

[129] Luo Y, Tang L, Khan U, et al. Morfologia e engenharia química de superfície para catalisadores universais de pH para evolução de hidrogénio a alta densidade de corrente. Nat Commun 2019;10:269.

[130] Alam KM, Kumar P, Kar P, et al. Heterojunções de nanofolhas de nitreto de carbono dopadas com halogéneo e BiOI para separação de água impulsionada pela luz solar. Nanotecnologia 2020;31: 084001.

[131] D. Li, Z. Li, R. Zou, G. Shi, Y. Huang, W. Yang, W. Yang, C. Liu, X. Peng, Acoplamento da separação global de água e oxidação de biomassa através de nanofolhas de Ni2P@C dopadas com Fe a grande densidade de corrente, Appl. Catal. B 307 (2022) 121170.

[132] Cao X, Wang T, Jiao L. Electrocatalisadores de nanofibras à base de metais de

transição (Fe, Co e Ni) para separação de água [J]. Advanced Fiber Materials, 2021: 1-19.

[133] Zhao C X, Liu J N, Wang J, et al. Avanços recentes de electrocatalisadores bifuncionais de redução e evolução de oxigénio sem metais nobres [J]. Chemical Society Reviews, 2021, 50(13): 7745-7778.

[134] Tang W, Liu X, Li Y, et al. Impulsionando a divisão eletrocatalítica da água através da modulação combinada metal-metaloide no composto amorfo quaternário Ni-Fe-PB [J]. Nano Research, 2020, 13: 447-454.

[135] Song J, Wei C, Huang Z F, et al. Uma revisão dos fundamentos para a conceção de electrocatalisadores de evolução do oxigénio [J]. Chemical Society Reviews, 2020, 49(7): 2196-2214.

[136] Wu Z P, Lu X F, Zang S Q, et al. Electrocatalisadores à base de metais não nobres para a reação de evolução do oxigénio [J]. Materiais Funcionais Avançados, 2020, 30(15): 1910274.

[137] J.H. Franco, S.A. Neto, D.P. Hickey, S.D. Minteer, A.R. de Andrade, Hybrid melhoria da arquitetura da cascata de catalisadores para a eletroquímica completa do etanol
oxidação, Biosens. Bioelectron. 121 (2018) 281-286.

[138] X. Sun, Z. Mao, R. Wang, X. Pi, C. Chen, J. Zhong, Q. Wang, K.K. Ostrikov, Síntese, através de plasma, de nanopartículas ordenadas de liga de PtFe encapsuladas com
conchas ultrafinas de carbono dopado com N para uma electrooxidação eficiente do metanol, Nano
Res. 16 (2023) 2065-2075.

[139] Huang Y, Chong X, Liu C, et al. Aumento da produção de hidrogénio por oxidação anódica de aminas primárias sobre um elétrodo de nanobastões de NiSe. Angew Chem Int Ed 2018;57:13163-6.

[140] Wang L, Zhu Y, Wen Y, et al. Regulando a distribuição de carga local dos sítios ativos de Ni para a reação de oxidação da ureia [J]. Angewandte Chemie, 2021, 133(19): 10671-10676.

[141] Li Y, Wei X, Chen L, et al. Eletrocatalisadores de nanoplacas de nitreto de níquel-molibdénio para produção simultânea de hidrogénio eletrolítico e de formiato. Nat Commun 2019;10:5335.

[142] Hu X, Zhu J, Li J, et al. Urea Electrooxidation: Desenvolvimento atual e compreensão de catalisadores à base de Ni [J]. ChemElectroChem, 2020, 7(15): 3211-3228.

[143]G. Li, Y. Wang, F. Yu, Y. Lei, Z. Hu, Deep oxidization of glucose driven by 4-acetamido-TEMPO for a glucose fuel cell at room temperature, Chem. Commun. 57 (2021) 4051-4054.

[144]Z. Zhang, G.W. Huber, oxidação catalítica de carboidratos em ácidos orgânicos e produtos químicos furanos, Chem. Soc. Rev. 47 (2018) 1351-1390.

[145]Y.-L. Wang, S.-S. Li, X.-H. Yang, G.-Y. Xu, Z.-C. Zhu, P. Chen, S.-Q. Li, One minute from pristine carbon to an electrocatalyst for hydrogen peroxide production, J. Mater. Chem. A 7 (2019) 21329-21337.

[146] S. Finn, M. Herne, D. Castille, The value of traditional ecological knowledge for the environmental health sciences and biomedical research, Environ. Health Perspect. 125 (2017) 085006.

[147]L. Karaffa, C.P. Kubicek, Production of Organic Acids by Fungi, in Encyclopedia of Mycology. 202p. 406-419.

[148] Liu W J, Xu Z, Zhao D, et al. Produção eletroquímica eficiente de ácido glucárico e H2 através da eletrólise da glucose[J]. Comunicações da natureza, 2020, 11(1): 265.

[149] W.-J. Liu, Z. Xu, D. Zhao, X.-Q. Pan, H.-C. Li, X. Hu, Z.-Y. Fan, W.-K. Wang, G.-H. Zhao, S. Jin, Produção eletroquímica eficiente de ácido glúcarico e H2 através da eletrólise da glucose, Nat. Commun. 11 (2020) 265.

[150]Y. Zhang, B. Zhou, Z. Wei, W. Zhou, D. Wang, J. Tian, T. Wang, S. Zhao, J. Liu, L.Tao, acoplamento de Cu(I)/Cu(II) Redox assistido por glucose com produção eletroquímica de hidrogénio, Adv. Mater. 33 (2021) 2104791.

[151]Vogt, S. & Schneider, M. Schäfer-Eberwein, H. & Nöll, G. Determinação do potencial redox dependente do pH da glucose oxidase por espectroelectroquímica.

Anal. Chem. 86, 7530-7535 (2014). 34.

[152] Komori, H. et al. Uma matriz de sensores CMOS de porta estendida com microesferas imobilizadas por enzimas para deteção de glicose com potencial redox. Na Conferência de Circuitos e Sistemas Biomédicos (BioCAS), 2014 IEEE 464-467 (IEEE, 2014).

[153] Chen, D. F.; Pan, L.; Pei, P. C.; Song, X.; Ren, P.; Zhang, L. Cobaltbased oxygen electrocatalysts for zinc-air batteries: Progresso recente, desafios e perspectivas. Nano Res. 2022, 15, 5038-5063.

[154] Zhou, X. W.; Liu, X.; Zhang, J. H.; Zhang, C.; Yoo, S. J.; Kim, J. G.; Chu, X. Y.; Song, C.; Wang, P.; Zhao, Z. Z. et al. Clusters de cobalto altamente dispersos decorados em nanotubos de carbono dopados com azoto como electrocatalisadores multifuncionais para OER, HER e ORR. Carbono 2020, 166, 284-290.

[155] J. Zhang, X. Sheng, Z. Ding, H. Wang, L. Feng, X. Zhang, L. Wen, L. Jiang, X. Feng, Dissociação da produção de hidrogénio da oxidação da água através da integração de uma reação em cascata bioelectroquímica interfacial trifásica, Sci. Bull. 66 (2021) 164-169.

[156] J. Du, D. Xiang, K. Zhou, L. Wang, J. Yu, H. Xia, L. Zhao, H. Liu, W. Zhou, Electrochemical hydrogen production coupled with oxygen evolution, organic synthesis, and waste reforming, Nano Energy (2022) 107875.

[157] F. Xu, S. Cai, B. Lin, L. Yang, H. Le, S. Mu, Geometric engineering of porous PtCu nanotubes with ultrahigh methanol oxidation and oxygen reduction capability, Small 18 (2022) 2107387.

[158] Zhou G, Xu L, Hu G, et al. Nanofios para armazenamento eletroquímico de energia [J]. Chemical reviews, 2019, 119(20): 11042-11109.

[159]Chu, S.; Cui, Y.; Liu, N. The Path Towards Sustainable Energy.Nat. Mater. 2017, 16, 16-22.

[160]Xia, Q.; Zhai, Y. J.; Zhao, L. L.; Wang, J.; Li, D. Y.; Zhang, L. L.;Zhang, J. T. Carbon-supported single-atom catalysts for advanced rechargeable metal-air batteries. Energy Mater. 2022, 2, 200015.

[161] Li G, Long Y, Li Z, et al. Reduzindo a tensão de carga de uma bateria de Zn-Air

para 1,6 V habilitada pela oxidação de biomassa mediada por radical redox [J]. ACS Sustainable Chemistry & Engineering, 2023.

[162]Zhang, Y.; Wu, D.; Huang, F.; Cai, Y.; Li, Y.; Ke, H.; Lv, P.; Wei,Q. Eletrólitos de polímero de gel não alcalino de água em sal permitem baterias flexíveis de zinco-ar com tempo de operação ultra-longo. Adv.Funct. Mater. 2022, 32, 2203204.

[163] You B, Liu X, Jiang N, et al. Uma estratégia geral para a produção desacoplada de hidrogénio a partir da separação da água, integrando a valorização oxidativa da biomassa [J]. Jornal da sociedade química americana, 2016, 138(41): 13639-13646.

[164] Zhao C X, Liu J N, Wang J, et al. Avanços recentes de electrocatalisadores bifuncionais de redução e evolução de oxigénio sem metais nobres [J]. Chemical Society Reviews, 2021, 50(13): 7745-7778.

[165] Song J, Wei C, Huang Z F, et al. Uma revisão dos fundamentos para a conceção de electrocatalisadores de evolução do oxigénio[J]. Chemical Society Reviews, 2020, 49(7): 2196-2214.

[166] Zhao C X, Liu J N, Wang J, et al. Avanços recentes de electrocatalisadores bifuncionais de redução e evolução de oxigénio sem metais nobres [J]. Chemical Society Reviews, 2021, 50(13): 7745-7778.

[167] Y. Li, X. Wei, L. Chen, J. Shi, Electrocatalytic hydrogen production trilogy, Angew. Chem. Int. Ed. 60 (2021) 19550-19571.

[168] C. Deng, C.Y. Toe, X. Li, J. Tan, H. Yang, Q. Hu, C. He, Earth-abundant metalbased electrocatalysts promoted anodic reaction in hybrid water electrolysis for efficient hydrogen production: recent progress and perspectives, Adv. Energy Mater. 12 (2022), 2201047.

[169] Wang N, Sun Q, Bai R, et al. Confinamento in situ de aglomerados ultrapequenos de Pd dentro da zeólita silicalita-1 nanométrica para catálise altamente eficiente da geração de hidrogênio [J].

[170] Wang L, Zhu Y, Wen Y, et al. Regulando a distribuição local de carga dos sítios ativos de Ni para a reação de oxidação da ureia [J]. Angewandte Chemie, 2021, 133(19): 10671-10676.

[171] Hu X, Zhu J, Li J, et al. Urea Electrooxidation: Desenvolvimento atual e

compreensão de catalisadores à base de Ni [J]. ChemElectroChem, 2020, 7(15): 3211-3228.

[172]G. Li, Y. Wang, F. Yu, Y. Lei, Z. Hu, Deep oxidization of glucose driven by 4-acetamido-TEMPO for a glucose fuel cell at room temperature, Chem. Commun. 57 (2021) 4051-4054.

[173]Hausmann, J. N., Beltrán-Suito, R., Mebs, S., Hlukhyy, V., Fässler, T. F., Dau, H., ... & Menezes, P. W. (2021). Evolução da fase de ferro oxídico altamente ativo (III) da corrosão do siliceto de ferro intermetálico para dominar a oxidação eletrocatalítica eficiente da água e oxigenação seletiva de 5-hidroximetilfurfural. Materiais Avançados, 33(27), 2008823.

[174]Lu, Y., Liu, T., Dong, C. L., Huang, Y. C., Li, Y., Chen, J., ... & Wang, S. (2021). Ajustando o local de adsorção seletiva de biomassa em Co3O4 por átomos únicos de Ir para eletrossíntese. Materiais Avançados, 33(8), 2007056.

[175]Tang, C., Zheng, Y., Jaroniec, M., & Qiao, S. Z. (2021). Refinaria eletrocatalítica para produção sustentável de combustíveis e produtos químicos. Angewandte Chemie International Edition, 60(36), 19572-19590.

[176] Z. Zhu, Y.H.P. Zhang, Engenharia metabólica in vitro da geração de bioeletricidade
pela oxidação completa Q2 da glucose, Metab. Eng. 39 (2017) 110-116.

[177] Mika, L. T., Cséfalvay, E. & Németh, Á. Catalytic conversion of carbohydrates to initial platform chemicals: chemistry and sustainability. Chem. Rev. 118, 505-613 (2017).

[178] Zhang, Z. & Huber, G. W. Catalytic oxidation of carbohydrates into organic acids and furan chemicals. Chem. Soc. Rev. 47, 1351-1390 (2018).

[179] Mehtiö, T. et al. Produção e aplicações de açúcar derivado de hidratos de carbono ácidos como produtos químicos genéricos de base biológica. Crit. Rev. Biotechnol. 36, 904-916 (2016).

[180]Houson, H. A., Nkepang, G. N., Hedrick, A. F. & Awasthi, V. Imaging of
lesão miocárdica induzida por isoproterenol com ácido fluoroglucárico marcado com 18F

num modelo de rato. Nucl. Med. Biol. 59, 9-15 (2018).

[181]Z. Zhang, G.W. Huber, oxidação catalítica de carboidratos em ácidos orgânicos e produtos químicos furanos, Chem. Soc. Rev. 47 (2018) 1351-1390.

[182]Y.-L. Wang, S.-S. Li, X.-H. Yang, G.-Y. Xu, Z.-C. Zhu, P. Chen, S.-Q. Li, One minute from pristine carbon to an electrocatalyst for hydrogen peroxide production, J. Mater. Chem. A 7 (2019) 21329-21337.

[183]L. Karaffa, C.P. Kubicek, Production of Organic Acids by Fungi, in Encyclopedia of Mycology. 202p. 406-419.

[184] Liu W J, Xu Z, Zhao D, et al. Produção eletroquímica eficiente de ácido glucárico e H2 através da eletrólise da glucose[J]. Comunicações da natureza, 2020, 11(1): 265.

[185]J. Du, D. Xiang, K. Zhou, L. Wang, J. Yu, H. Xia, L. Zhao, H. Liu, W. Zhou, Produção eletroquímica de hidrogénio acoplada à evolução do oxigénio, síntese orgânica e reforma de resíduos, Nano Energy (2022) 107875.

[186] F. Xu, S. Cai, B. Lin, L. Yang, H. Le, S. Mu, Geometric engineering of porous PtCu nanotubes with ultrahigh methanol oxidation and oxygen reduction capability, Small 18 (2022) 2107387.

[187] Muschiol, J. et al. Cascade catalysis-strategies and challenges en route to preparative synthetic biology. Chem. Commun. 51, 5798-5811 (2015).

[188] France, S. P., Hepworth, L. J., Turner, N. J. & Flitsch, S. L. Constructing biocatalytic cascades: in vitro and in vivo approaches to de novo multi-enzyme pathways. ACS Catal. 7, 710-724 (2017).

[189] G. Li, Y. Wang, F. Yu, Y. Lei, Z. Hu, oxidação profunda de glicose impulsionada por 4-acetamido-TEMPO para uma célula a combustível de glicose à temperatura ambiente, Chem.Commun. 57 (2021) 4051-4054.

[190]Hickey DP, Gaffney EM, Minteer SD. 2018. Vias eletrometabólicas: desenvolvimentos recentes em cascatas bioeletrocatalíticas. Top. Curr. Chem. 376:43

[191]Franco JH, de Almeida PZ, Abdellaoui S, Hickey DP, Ciancaglini P, et al. 2019. Arquitetura bioinspirada de um eletrocatalisador híbrido bifuncional enzimático / orgânico para oxidação completa do etanol. Bioeletroquímica 130: 107331

[192]J.H. Franco, P.Z. de Almeida, S. Abdellaoui, D.P. Hickey, P. Ciancaglini, M. de L.T. M. Polizeli, S.D. Minteer, A.R. de Andrade, Arquitetura bioinspirada de um eletrocatalisador híbrido bifuncional enzimático/orgânico para oxidação completa do etanol, Bioelectrochemistry 130 (2019) 107331.

[193] Nikoloudakis E, Pati PB, Charalambidis G, Budkina DS, Diring S, Planchat A, Jacquemin D, Vauthey E, Coutsolelos AG, Odobel F. Células de fotoelectrossíntese sensibilizadas por corantes para a oxidação de álcool benzílico utilizando um sensibilizador de porfirina de zinco e um catalisador TEMPO. ACS Catalysis. 2021 Sep 15;11(19):12075-86.

[194]Bin, D. et al. Controlable oxidation of glucose to gluconic acid and glucaric utilizando um reator electrocatalítico. Electrochim. Ata 130, 170-178 (2014).

[195] Ibert, M. et al. Improved preparative electrochemical oxidation of d-glucose to ácido d-glucárico. Electrochim. Ata 55, 3589-3594 (2010).

[196]Gangyong Li, Zongdong Wu, Cuixing Xu, Zongqian Hu*, Cascata de catalisadores híbridos para uma maior oxidação da glucose em células de biocombustível glucose/ar, Bioelectrochemistry, 2022, 143, 107983.

[197]Nutting, J. E.; Rafiee, M.; Stahl, S. S. Tetramethylpiperidine NOxyl (TEMPO), Phthalimide N-Oxyl (PINO), and Related N-Oxyl Species: Propriedades electroquímicas e sua utilização em reacções electrocatalíticas. Chem. Rev. 2018, 118, 4834-4885.

[198]Ma, Y.; Loyns, C.; Price, P.; Chechik, V. Decaimento térmico do TEMPO em meio ácido através de um intermediário de sal de N-oxoamónio. Org. Biomol. Chem. 2011, 9, 5573-5578.

[199] Do NH, Truong BY, Nguyen PT, Le KA, Duong HM, Le PK. Aerogéis compostos de polpa de folha de ananás oxidada com TEMPO e quitosano para remoção de corantes. Tecnologia de Separação e Purificação. 2022,15;283:120200.

[200]Nakayama H, Kezuka S, Morita Y, Kitamura T, Takamura E, Sakamoto H. Preparação de um substrato de nanofibras de celulose oxidada TEMPO de dimensão porosa controlada para aplicações de imunoensaio enzimático. Process Biochemistry. 2022 Jun 1;117:174-9.

[201] Zhang W, Zhang Y, Cai W, Wang D, Zhang S. Radical 4-OH-TEMPO enxertado numa nova sulfona de éter poliaromático contendo cadeias laterais de carboxilo como catalisador sólido para a oxidação do álcool. Journal of Applied Polymer Science. 2024 Jan 10;141(2):e54774.

[202]Leifert D, Studer A. Organic synthesis using nitroxides. Chemical Reviews. 2023,14;123(16):10302-80.

[203]Ali GA, Megiel E, Romański J, Algarni H, Chong KF. Um supercapacitor simétrico de janela de grande potencial por MWCNTs funcionalizados com TEMPO. Jornal de Líquidos Moleculares. 2018 Dec 1;271:31-9.

[204] Du Z, Ai W, **e L, Huang W. Grafeno funcionalizado com radical orgânico como um material anódico superior para baterias de iões de lítio. Journal of Materials Chemistry A. 2014;2(24):9164-8.

[205]Elouarzaki K, Mandoc LR, Gorgy K, Holzinger M, Amarandei CA, Ungureanu EM, Cosnier S. Synthesis and electrochemical characterization of original "TEMPO" functionalized multiwall carbon nanotube materials: Aplicação à deteção de ferro (II). Electrochemistry Communications. 2015 Nov 1;60:131-4.

[206] Nong, J.; Zhu, M.; He, K.; Zhu, A.; Xie, P.; Rong, M.; Zhang, M. Estrutura de carbono 3D co-dopada com N/S preparada por um método de pirólise em estado sólido de morfologia fácil e controlada para a reação de redução de oxigénio em meios ácidos e alcalinos. J. Energy Chem. 2019, 34, 220-226.

[207] Kim, K.; Min, K.; Go, Y.; Lee, Y.; Shim, S. E.; Lim, D.; Baeck, S.-H. FeCo alloy nanoparticles embedded in N-doped carbon supported on highly defective ketjenblack as effective bifunctional electrocatalysts for rechargeable Zn-air batteries. Appl. Catal. B:Environ. 2022, 315, 121501.

[208]Zhu Z, Sun F, Zhang X, Zhang YH. 2012. Oxidação profunda da glucose em células de combustível enzimáticas através de uma via enzimática sintética que contém uma cascata de duas desidrogenases termoestáveis. Biosens. Bioelectron. 36:110-15.

[209]Macazo FC, Minteer SD. 2017. Cascatas enzimáticas em células de biocombustível. Curr. Opin. Electrochem. 5:114-2020.

[210]Patel RN. 2018. Biocatálise para síntese de produtos farmacêuticos. Bioorg. Med.

Chem. 26:1252-74.

[211] Yang, D.; Velamakanni, A.; Bozoklu, G.; Park, S.; Stoller, M.; Piner, R. D.; Stankovich, S.; Jung, I.; Field, D. A.; Ventrice, C. A.; et al. Chemical Analysis of Graphene Oxide Films after Heat and Chemical Treatments by X-ray Photoelectron and Micro-Raman Spectroscopy. Carbon. 2009, 47, 145-152.

[212] DU J, XIANG D, ZHOU K, et al. Produção eletroquímica de hidrogênio acoplada à evolução do oxigênio, síntese orgânica e reforma de resíduos [J]. Nano Energy, 2022, 104: 107875.

Índice

MIX
Papier aus verantwortungsvollen Quellen
Paper from responsible sources
FSC® C105338

Printed by Books on Demand GmbH, Norderstedt / Germany